The Unique World
方寸
方寸之间　别有天地

如果我可以从死后一百年出版的书籍中选择一本，你知道我会选什么吗？我绝不会从那个未来图书馆里选一本小说，而只会拿一本时尚杂志，这样就可以看到在我离开一个世纪后女性的着装。这些衣衫比所有的哲学家、小说家、先知和学者更能让我了解未来的人性。

——阿纳托尔·法朗士（1844~1924）

裙子的宣言

重新定义二十世纪女性气质

李景艳——译

FASHIONING MODERN FEMININITY IN THE TWENTIETH CENTURY

社会科学文献出版社
SOCIAL SCIENCES ACADEMIC PRESS (CHINA)

[美]金伯利·克里斯曼-坎贝尔
Kimberly Chrisman-Campbell——著

目　录

目　录

目　录

自　序

“你为什么盛装打扮起来了？”这是我一生都能听到的一个问题。关键词是“打扮”（dress）。当一个女人穿着牛仔裤，哪怕是时尚的连衣裤时，没有人会问她为什么要盛装打扮。可一旦换上裙装——任何裙装——整个人就会瞬间变得精致起来。

长久以来，无论是个人喜好还是职业使然，裙子一直令我痴迷。我发表的第一篇文章就是关于裙装之母——18 世纪的环形箍裙（hoop petticoat）的研究。在这篇文章中，我探讨了巨大裙摆的原始魅力，它强调细腰宽臀（或至少看上去如此），体现了贞操和生育能力，从古至今，这两者一直被女性普遍重视。对于数百万梦想着打扮成迪士尼公主的小女孩，以及那些在克里斯汀 · 迪奥（Christian Dior）的首场时装秀后穿着他推出的“新风貌”（New Look）* 拖地长裙旋转的疲惫不堪的时尚

* 世界知名服装设计品牌。1947 年，由法国服装设计师克里斯汀 · 迪奥推出的女式服装新款式。

编辑来说，这种性心理潜台词似乎已经消失了，但其实它依然存在。当你以研究时尚史为职业时，身穿宽下摆的多层长裙不仅是正常的，而且是明智的，而我也日益践行自己宣扬的着装理念。当我告诉那些从未见过我穿裤装的老朋友，我正在撰写一部关于裙子的专著时，他们笑了起来，并称这是我的“反裤装宣言”。

我出生于 1973 年，这也是黛安·冯·芙丝汀宝（Diane von Furstenberg）裹身连衣裙（wrap dress）问世的那一年。此时，裤装最终以一种严肃的方式成为主流女性时尚的一部分，但像冯·芙丝汀宝这样的设计师却在进行反击，并（非常成功地）辩称裙子仍然有其存在的价值。如果我早出生或者晚出生一二十年，我与裤装的关系可能会有所不同，不太可能认为穿裙子是“打扮”（dressing up），而不仅仅是“穿衣服”（getting dressed）。我的第一个时尚偶像是奥黛丽·赫本（Audrey Hepburn）在《蒂凡尼的早餐》（*Breakfast at Tiffany's*）中饰演的霍莉·戈莱特利（Holly Golightly），她似乎一天 24 小时都穿着时髦的黑色晚礼服。不管她是做什么的，我都想做和她同样的工作，穿她那样的裙子。我当时太小了，无法理解 1960 年前后应召女郎的生活方式；对我而言，这就是一个时尚的选择。

但我从来没有想过干脆一辈子不穿裤装；事实上，作为一个 20 世纪 70 年代出生的孩子，我清楚地记得在裙子里面还要穿裤子的经历。在成长过程中，我不能理解那些只穿裙子——

通常是罗兰爱思（Laura Ashley）或冈恩·萨克斯（Gunne Sax）[*]褶皱碎花连衣裙和褶边裙——的女同学。这些女生还上芭蕾课、收集卷发娃娃、举办公主主题生日派对、扮演《草原小屋》（*Little House on the Prairie*）里的角色，我不想和她们表演性的女性气质扯上任何干系。相反，我奉行的是当时所谓的操演性女权主义（performative feminism）[**]：或许我崇拜奥黛丽·赫本，但我也喜欢运动型的埃斯普利特（Esprit）单品、芭比娃娃、《霹雳娇娃》（*Charlie's Angels*）、琳达·卡特（Lynda Carter）的《神奇女侠》（*Wonder Woman*），以及穿裙子的侦探南希·朱尔（Nancy Drew）[***]。当我从阳光明媚的加利福尼亚前往阴雨绵绵的英格兰读研时，我会穿长裤，也会穿羊毛长裙——任何能防寒的衣服都会穿。（我还学会了把长裤 xi
叫"trousers"，而不是"pants"；在英式英语中，"pants"一词相当于美式英语中的"underpants"，即"内裤"。）

直到我研究生毕业，在博物馆系统找到一份工作时，我才把裤子几乎从衣柜里全部扔了出去。在一座镀金时代（Gilded Age）的历史建筑里工作，往往需要一定程度的正式感，因为

---

* 一款源自维多利亚时期的贵族品牌。20 世纪 70 年代美国审美趣味的代言。双层裙摆设计华丽而独特。

** 操演性女权主义认为，性别不是一种实体，而是一种展演。没有一个客观存在的实体存在，而是一系列行为操演。持该种观点的人认为操演性女权主义是一种"以自由为核心的女性主义"。

*** 美国华纳兄弟影业制作发行的悬疑影片中的主人公。影片讲述了进入好莱坞高级中学的少年侦探南茜·朱尔破获一起死者是电影明星的谋杀案的故事。

你永远不知道什么时候会遇到一位年长的捐赠者或者受托人，他可能对得体的职业装有着保守的看法。我的女上司每天不仅穿裙子，还穿连裤袜和高跟鞋；有些人看起来像时髦的公司律师，有些人则打扮得像新娘的母亲，永远化着淡淡的彩妆，佩戴着珍珠首饰。在本书的研究过程中，我发现另一家建筑历史悠久的博物馆——弗里克收藏馆（The Frick Collection）直到20 世纪 80 年代还要求女性参观者穿裙子，对此我并不感到很惊讶。

作为一名纺织品爱好者，浑身上下被面料包裹总是令我感到无比快乐；作为一名历史学家，我欣赏裙子丰厚的历史文化传统，以及它们在女性自我塑造中所发挥的作用；作为一名囊中羞涩的新手策展人，穿上连衣裙是最简单、最经济的方式，可以让自己看起来既专业又得体，我所要做的就是配一双鞋子，也许再加上一件复古珠宝。随着时间的推移，我这个饿出来的学生身材逐渐变得凹凸有致了，裙子无疑比当时流行的低腰“紧身”裤更讨人喜欢。不知从什么时候起，我意识到自己再也不用担心穿裤子时的屁股是什么样子的，或者一天中腰带是否会太紧或太松，或者如何防止我的裤袜耷拉下来。我的女性前辈们曾经几百年没穿过裤子，我也未尝不能如此。

xii 我并不孤独。21 世纪初，在 2007 年首播的以世纪中期为背景的电视剧《广告狂人》（*Mad Men*）的烘托下，新一代掌权女性引领了一场服装复兴，激发了复古时尚潮流。一时间，甚至连商场里都摆满了裙装，飘逸的半身裙，下摆摇曳，口袋宽大。在工作场所或世界舞台上，女性不一定非要穿西装才能被重视。多亏了中长裙的复兴，女性不再有弯腰的顾虑，也不再有被微风吹得走光的担忧。大约在同一时期，许多普通尺码品牌开始提供大码和小码的服装，这意味着裙子永远不会太长或太短。2015 年 10 月，女演员瑞茜·威瑟斯彭（Reese Witherspoon）在推出她创办的具有美国南部风情的时尚品牌 Draper James 时，向《洛杉矶时报》（*Los Angeles Times*）坦言:“我不喜欢裤子。说实话，裤子不适合我，可能是因为我身高 5 英尺 2 英寸（约 1.57 米），穿裤子显得我真的很矮。我喜欢穿连衣裙，因为它们很简单，我也喜欢穿半身裙。”连衣裙“一件全部搞定”的特质是它吸引现代女性的核心所在：虽然对那些把它与婚礼、毕业舞会和 15 岁生日晚会的怀旧女性气质联系在一起的人来说，连衣裙可能显得装饰性过强或过于正式，但它也可以具有实用性和高效性——这些也是现代性的本质。

如今，我有一条“应急牛仔裤”，只在想徒步旅行或进行园艺种植的极少数情况下穿；还有一些瑜伽裤，我从来没有在健身房之外穿过。正如已故的卡尔·拉格斐尔德（Karl Lagerfeld）所说:“运动裤是失败的标志。”除此以外，我衣柜里装的全部是半身裙和连衣裙，大多数是及膝或过膝的长度。事实是，我认为没有多少事情是穿裙子时做不到的。我甚至还有一件克莱尔·麦卡德尔（Claire McCardell）蓬蓬连衣裙 xiii
（pop-over）的现代版，这是一件结实的牛仔裹身裙，非常适合做家务时穿。新冠肺炎在全球大流行期间，我就是穿着裙子在家里完成本书写作的。霍莉·戈莱特利，接招吧！

但本书真的不是反裤装宣言。我完全同意《时尚》（*Vogue*）杂志 1964 年发表的观点："在合适的场合"和"穿在适合的身材上"，裤子是个好东西。如果我拥有不同的身材或生活方式，我会更经常穿裤子。但我相信女人的衣柜里永远都会有裙子的一席之地，裙子的历史可以极大帮助我们了解关于 20 世纪女性气质（和男性气质）在表达和定义方面的变化。这本书旨在纠正一些对于裙装的误解，有些是过时的，甚至是有害的。对于其他女性服饰也存有同样的误解，比如紧身胸衣和高跟鞋——尽管时尚不断变化，不断受到男性的严厉抨击，但这两种服饰的寿命却长得超乎寻常，原因很简单：女性，钟情于它们，或者至少从中获得的好处超过了穿着它们带来的不便。裤子不太可能消失，但它们从未想要取代裙子，我希望它们永远不会。

致　谢

本书是圣马丁出版社（St. Martin's Press）斯蒂芬·鲍尔的创意，我感谢莎拉·格尔以热情和洞察力促成本书出版，也感谢文字编辑劳拉·德拉戈内特，以及我一贯时尚的经纪人劳里·福克斯。感谢《大西洋月刊》（*The Atlantic*）允许我转载我的部分文章:《〈灰姑娘〉：终极（战后）改头换面的故事》[*Cindorella*: The Ultimate（Postwar）Makeover Story]、《迷笛裙：国界线》（The Midi Skirt，Divider of Nations）、《温布尔登的第一个时尚丑闻》（Wimbledon's First Fashion Scandal）和《当美国妇女参政论者试图“穿裤子”时》（When American Suffragists Tried to “Wear the Pants”）。我也感谢《装饰》（*Ornament*）杂志，我第一篇关于玛丽·奎恩特（Mary Quant）的文章就发表于此。许多学者、策展人和档案管理员帮助我收集了本书的信息和图像。我也特别感谢苏珊·诺斯和奥尔登·奥布莱恩。同时，感谢我的家人伊恩、罗里和拉姆齐，感谢他们的鼓励和支持，让我在不太理想的环境下完成这个梦寐以求的课题。谨以此书献给我的朋友兼导师艾琳·里贝罗，她授予我关于服饰历史的知识，并鼓励我接触当代时尚。感谢她的真知灼见。

序　章 1

“感觉自己像个女人，就穿上裙子！”广告如是说。1973年，随着女性进入职场的人数创下历史纪录，无论是从字面意思考量还是着眼于它的隐喻，一个不争的事实是越来越多的女性“穿起了裤子”*，黛安·冯·芙丝汀宝认为裙子是一种实用、现代和女权主义的时尚宣言，并为此提出了一个引人注目的理由。消费者做出了回应，她标志性的裹身连衣裙在1974年4月开始向公众出售。1975年，冯·芙丝汀宝裹身连衣裙每周的销售量达到1.5万件；到了1978年，不可避免的仿冒品和市场饱和导致需求量萎缩；然而，1997年，冯·芙丝汀宝将这种看似永恒的款式重新引入如饥似渴的市场；2015年，在裹身连衣裙首次推出40余年之后，该公司获得了5亿美元的收入。

* 此处指俗语 wearing the pants，字面意思是“穿裤子”，引申意义为“掌权、当家”。

在西方文化中，连衣裙一直是女性气质的代名词（纵观东方历史，将裙子和裤子作为性别认同的表达方式则要微妙得多。然而，到了 20 世纪，巴黎女装设计师的要求在全世界得到了理解和重视）。最早和最持久的服装形式之一是一种带流苏的围裙，被称为弦裙，从公元前约两万年穿到青铜时代，这很可能是一种对女性生育能力的宣告。[1] 设计师、裙子爱好者缪西
2 娅 · 普拉达（Miuccia Prada）在 2006 年接受《纽约时报》（*New York Times*）采访时表示："裙子是女性的象征。"她后来解释说："于我而言，腰部以上更具灵性，更具智慧，而腰部向下则更基本，更接近本质。它关乎性，关乎生活，关乎生育。大体上，腰部以下的部位与大地的联系更加紧密。"[2] 裙子的金字塔形已经成为女性身体本身的视觉缩影。想让厕所标志或拟人化卡通人物女性化吗？给它穿上裙子吧！

除了性别认同，裙子还彰显了社会地位；在历史上，长款宽下摆的裙子一直为展示昂贵纺织品和装饰品服务。例如，在文艺复兴时期，为了绕过限制奢侈纺织品使用的法律，威尼斯妇女在长裙下穿上了厚底鞋（chopines）。从炫耀性消费的角度来看，许多看似不合理的时尚都是有道理的——不仅是厚底鞋，还有裙撑（farthingale）、裙环（hoop）、衬裙（crioline）和臀垫（bustle）。又长又笨重的裙子还代表着女性不需要工作（或步行去任何地方），并确保她的身体和行为符合不可动摇的端庄标准。除了裙子的性和经济含义外，从长裙的性感到铅笔裙、蹒跚裙或紧身连衣裙令人满足的包裹感，穿裙子还能给人

带来触觉上的愉悦。

从中世纪晚期开始，当男人不再穿长袍时，“露出双腿是阳刚之气的象征”和“生殖力量的标志”，而遮盖双腿则象征着女性的端庄。[3] 对女性时尚的批评常常被视为对女性 3
几乎不加掩饰的攻击——针对其被世俗认为的轻浮、虚荣或性不道德——但女性与其服装之间的联系在语言层面表现得更加直接。16 世纪，也就是在男人放弃长袍，改穿短款紧身衣裤之后不久，“裙子”（skirt）第一次成为指代女性的俗称。历史上，它一直是一个带有贬义的词语。花花公子被称作“裙子追逐者”（skirt chaser），“轻薄的裙子”（light skirt）指可能自己投怀送抱、容易被得到的女子。该词源与其表象相比，既古老又年轻。《牛津英语词典》（*Oxford English Dictionary*）记载，早在 1578 年，“裙子”（skirt）就被用作女性（woman）的转喻词，而野兽男孩（Beastie Boys）在 1986 年的说唱歌曲 *Rhymin & Stealin* 中赞美了“花花公子”。随着时尚语言的变化，由其而生的习语也在发生改变。到了 19 世纪，身居要职的女性被贬低为“衬裙政府”（petticoat government），或者被指责为“穿裤子”（wearing the pants）。在《皆大欢喜》（*As You Like It*，1599）中，莎士比亚笔下的女主人公罗莎琳德（乔装成一个男人）感到不得不“安慰弱者，因为穿着紧身衣裤的就该向穿着衬裙的展示勇气”；漏斗形的衬裙（当时是“裙子”的同义词）在语言学上被颠倒，代表一种低劣的“人”。

3 个世纪之后，女性仍然被她们的服饰所定义。一部浪漫喜剧，即 1952 年的歌舞片《水殿嫦娥！》（*Skirts Ahoy!*），在某种程度上算是 1945 年的《起锚》（*Anchors Aweigh*）的续集，以朝鲜战争为背景，讲述了妇女志愿服务应急部队（Women Accepted for Volunteer Emergency Service，WAVES）的三名海军女兵的爱情冒险故事。影片中人物穿的裙装是根据芝加哥时装设计师梅因布彻（Mainbocher）在 1942 年为女性志愿服务部门设计的广受好评的真实制服设计的（见彩插图 1）。（尽管当时军队迫切需要女性志愿者，以便让更多的男性到海外作战，但让女性穿制服的想法一直饱受争议，人们最不愿意做的事就是让女性穿上裤子，与男性同行做比
4 较）。这部电影将以“姑娘，去吧！（you-go-girl）”为口号的海军招募宣传与《没有男人的女孩何好之有》[*What Good Is a Gal (Without a Guy)*] 这样的歌曲合二为一，预告片这样宣传：“那些下海的水手……穿着衬裙！”

直到 20 世纪中叶，“连衣裙”和“裙子”之间的区别仍在很大程度上存在于语义层面。虽然所有的连衣裙都是裙子，但不是所有的裙子都等同于连衣裙。17~19 世纪的许多“连衣裙”和“礼服”实际上是两件套，甚至是三件套或四件套。衬衫裙（shirtwaist）—— 一种受男装启发而设计出的衬衫搭配长裙的套装——在 20 世纪初是女性白天的主要着装，然而，这种组合套装是以上身引人注目的衬衫命名的。直到 20 世纪 30 年代，“单品”的概念才出现，如混搭短上衣、毛衣、衬衫、下裙，有

时甚至是裙裤或“休闲裤”，因为当时女性的生活方式开始变得更加积极向上，她们经常旅行，因此需要多功能性的胶囊衣橱（Capsule Wardrobe）*。第二次世界大战期间布料短缺，这使得分体式穿搭成为一种既经济又爱国的选择；将几件单品进行不同组合来重复穿着，这意味着女性需要的衣服比以往减少了。1942 年，《时尚》杂志用了数页的篇幅来阐述这个当时很新颖的理念：“我们希望衣服好看，而且……能够承担双重、三重、四重任务……这些期待都可以通过分体式裙子来实现。”再一次，裙子代表了女性本身，社会期望她们通过打扮漂亮和接受“将就和修补”（make-do-and-mend）的理念来履行自己对国家的“责任”。

20 世纪以来，人们对裤子的接受程度不断提高，这常常成 5
为女性解放——政治解放和服装解放——故事的背景。早期，维多利亚时代的女权主义者和服装改革者推广裤子的失败尝试被证明是对她们事业无用的分心之举。就连女性参政论者阿米莉亚·布鲁默（Amelia Bloomer）也在几年之后放弃了推广分叉灯笼裤（bifurcated bloomer），尽管这种裤装是以她的名字命名的。她坦言：“女性解放任重而道远，我们不愿意因小失大。”

从 19 世纪 50 年代尝试推广灯笼裤的失败到 19 世纪 90 年代的骑自行车热潮，从 20 世纪 20 年代可可·香奈尔（Coco

* 也称极简主义衣橱，这个概念最早出现在 20 世纪 70 年代，由伦敦一家名字叫“Wardrobe”的杂货店老板苏西·福克斯（Susie Faux）提出。胶囊衣橱的意思就是如胶囊般浓缩衣柜，留下一些经典必备单品，来组合出更多的穿搭。

Chanel）的“海滩睡衣”（beach pyjamas）到铆钉女工萝西（Rosie the Riveter）的连体工作服（coveralls），从 1966 年伊夫·圣罗兰（Yves Saint Laurent）的“吸烟”裤装（“Le Smoking” pantsuit）到 2000 年民主党全国代表大会上第一夫人（也是参议员候选人）希拉里·克林顿（Hillary Clinton）的裤装，裤子一直是一种象征性的表达方式，有时只是一种身体表达方式，象征着向女性开放的全新的、不那么直观被感知到的自由。正如布鲁默本人所指出的：采用传统的男性服装就等于全盘

阿米莉亚·布鲁默是“新服装的鼻祖”，她穿着其创新的混合服装出现在《伦敦新闻画报》（*The Illustrated London News*）上，但很快就放弃了推广新服装，称它分散了人们对“更重要的问题”的注意力。
《伦敦新闻画报》，1851 年 9 月 27 日

“篡夺了男性的权利”——无论是投票的权利还是竞选总统的权 6
利。到了19世纪40年代，“穿裤子”（“wearing the pants”，在英国叫“wearing the trousers”）成了一种俗语，指的是在男女关系中占据主导地位，这种地位之所以存在，是因为裤子被理解为专属于男性的服装。这并不是说裤子是权力的同义词或权力的象征，而是说权力（就像裤子一样）只属于男人。

一个不能忽视的真相是：即使裤子越来越普及，女性仍然继续穿裙子，无论是出于自愿，还是因为裤子提供的社交和身体“自由”在很大程度上是虚幻的。即使是专为骑马、骑自行车或徒步旅行设计的宽松裤（voluminous pants）或阔腿裤（wide-legged pants），也可以通过纽扣式襟翼迅速变成裙子，以确保女性穿着端庄和得体。穿裤子的女性不一定是出于实际工作需要而穿工作服的劳动者；她们通常是特权精英，她们有意为之以挑战性别规范，达到挑衅性的女权主义效果或展示双性气质之美，如玛琳·黛德丽（Marlene Dietrich）、葛丽泰·嘉宝（Greta Garbo）和凯瑟琳·赫本（赫本实际上并不反对穿裙子，但她讨厌穿长袜和吊袜带，在20世纪60年代连裤袜和紧身衣出现之前，这些行头都是缺一不可的搭配；许多对裙子的长期批判所针对的都是衬裙、束腰、连裤袜或高跟鞋等配饰）。在20世纪的大部分时间里，裤子一直处于女性时尚的边缘；直到20世纪70年代，许多办公室、夜总会、乡村俱乐部、教堂、教室、餐馆才允许女性穿裤子。即使在寒冷的气候条件下，按照学校的着
装规定，女学生也要穿裙子，并且裙子的长度往往被明确规定， 7

裙子既不能是长长的“奶奶裙”，也不能是超短裙。在1961年首播的情景喜剧《迪克·范·戴克秀》(*The Dick Van Dyke Show*)中，玛丽·泰勒·摩尔(Mary Tyler Moore)成了穿七分裤(capri pants)的先驱。但她扮演的角色劳拉·皮特里(Laura Petrie)是一个郊区家庭主妇，最初导演要求她每集最多只能在一个场景中穿裤子，在其他场景中都要穿裙子。1970年，摩尔在其同名电视剧中饰演一位未婚的大城市职业女性，她身着一套得体的职业裙装，洋洋自得。

穿裤子常常被视为一种纯粹的时尚犯罪。19世纪，由于法律禁止异装，穿灯笼裤和其他分衩式服装的妇女有被逮捕的危险。其中许多人都是女性参政论者和服装改革者，她们故意引发争议。即使裤子开始悄悄进入主流女性时尚，穿裤装的女性仍会受到惩罚。1933年，乔安妮·卡明斯(Joanne Cummings)因身着裤装出现在纽约公共场合而被捕。1938年，洛杉矶幼儿园老师海伦·胡利克(Helen Hulick)被禁止在一起盗窃案审判作证(三次！)，只因为她是穿着裤装来到法院的。1941年，意大利佛罗伦萨市对穿长裤和短裤的女性处以罚款；如果发现她们骑自行车，自行车就会被没收。1943年，伊夫林·布罗斯(Evelyn Bross)因穿着裤装出现在芝加哥街头而被指控，尽管她穿的是适合其军工厂机械师职业的工装。最终，她被宣判无罪。正如法官解释的那样，“我认为，如果女孩不是故意模仿男人，那么她们就不应该因为穿宽松裤装而遭到指责。时尚正在发生改变”。[4](虽然“slacks”一词最初的意思是宽松的裤子，通常与女性的裤子联系在一起，但它早在19世纪20年代就用来指男性服装。）20世纪80年代，在另一起广为宣传的事件中，加拿大、澳大利亚和波多黎各的女律师因穿裤子被男法官拒之于法庭门外——最终，她们通过诉讼 8
成功推翻了这一禁令。

然而，这些不仅仅是稀奇的历史教训，关于合适的性别服装的法律纠纷比以往任何时候都更突出。时至今日，裤子在许多国家和环境中仍然是被禁止穿着的。2009年，记者卢布娜·侯赛因（Lubna Hussein）因穿阔腿裤违反苏丹伊斯兰猥亵法而入狱；在苏丹首都喀土穆（Khartoum），仅一年时间就有4.3万名女性因犯了与衣着相关的罪而被捕，其中许多人来自以信仰基督教为主的苏丹南部，她就是其中的一个。在美国，对裤子的宗教偏见也一直存在，这些偏见往往与性别认同和性别表现不一致等更广泛的争议密切相关。就在2016年，宾夕法尼亚州哈里斯堡（Harrisburg，Pennsylvania）的一名女同性恋学生因穿燕尾服而被她所在的天主教高中拒绝参加毕业舞会，一位学校官员还威胁说要报警。[5]

20世纪70年代，随着阔腿裙裤、裙式短裤（skorts）和牧人裤（gauchos）出现在T台和零售货架上，不同年龄段的女性试图绕过裙子规则，结果被门卫、侍者、校长和其他（男性）看门人拒之门外，他们把裤裙等同于裤子。直到1989年，位于实业家亨利·克莱·弗里克（Henry Clay Frick）第五大道故居的博物馆——弗里克收藏馆，一直在其艺术参考阅览室的衣帽间里备着一条裹身裙，以供穿着裤子来的女性研究人员借用——这是创始人海伦·克莱·弗里克（Helen Clay Frick）制定的规定（男士则必须穿外套）。一些较为保守的纽约律师事务所直到 20 世纪 90 年代初才允许女员工穿裤子；1993 年之前，美国参议院一直默认禁止女性穿裤子的规定。
9 在 1995 年《纽约客》（*New Yorker*）的一幅漫画中，一名
秘书向她的老板报告：“有几套西装和一条裙子要见您。”不仅裙子仍然是女性的代名词，而且这种转喻已经扩散到了男性及其服饰领域。尽管穿衣自由是法国大革命最受珍视的信条之一，但伴随着社会和服装的变革，法国于 1800 年通过了一项禁止女性穿裤子的法律，直到 2013 年该法律才被正式废除。而英国航空公司直到 2016 年才允许空姐穿裤装。即使这些机构勉强允许女员工穿“休闲裤”，穿牛仔裤和短裤往往被坚决禁止。当为了庆祝 2022 年国际妇女节和巴黎迪士尼乐园 30 周年，米妮（Minnie Mouse）把红裙子换成了斯特拉·麦卡特尼（Stella McCartney）的长裤套装时，福克斯新闻评论员坎迪斯·欧文斯（Candace Owens）批评迪士尼，“你们使她过于男性化了”，这是在“破坏我们社会的结构”。

当女人有勇气穿裤子后，她们却为在裤子里面穿什么而感到困惑。1943 年 6 月，当女性加入为战争做贡献的行列，穿上牛仔裤和连体工作服时，《时尚》杂志的一篇文章推荐了肉色人造丝平纹针织内裤，称穿着它“有一种裸体的、什么都没穿的感觉”，并解释说“其他衬裤穿在蓝色牛仔裤里面都有紧绷感，

只有这款内裤没有，它也非常适合穿在休闲裤和短裤里。穿上
这种内裤，你可以轻松爬到正在制造的巨型飞机的顶端”。这篇
文章从技术和意识形态的意义上，将这类新的几乎看不出来的
免熨的人造丝胸罩、衬裤和内裤与现代性相关联：“简化是一个
20 世纪的词语。”但事实证明：“征服”明显的内裤线（Visible
Panty Lines，VPL）[此词因 1977 年著名电影《安妮 · 霍
尔》（*Annie Hall*）中的前卫裤装而流行开来] 绝非易事。防止 10
露出内裤痕迹的丁字裤却导致产生了另一个可恶的词——“鲸
尾”（whale tail），这个词是在 20 世纪 90 年代末被创造出来
的，用来描述女性低腰裤后腰带上方的丁字裤部分，因为它类
似于海洋哺乳动物的鳍；世人皆知，1995 年，莫妮卡 · 莱温斯
基（Monica Lewinsky）向比尔 · 克林顿（Bill Clinton）总统
亮出了自己的“鲸尾”。

女式裤子的创造和生产充满曲折。许多早期穿裤子的女性都是富有的女性，她们喜欢穿着裤子骑马或从事其他乡村活动，她们穿的裤子是由其丈夫的裁缝设计制作的，以确保裤子合身舒适。凯瑟琳 · 赫本的裤子是由斯宾塞 · 特雷西（Spencer Tracy）在比弗利山庄的裁缝埃迪 · 施密特（Eddie Schmidt）设计的，或是由萨维尔街（Savile Row）上的亨茨曼父子公司（H. Huntsman & Sons）* 设计的，该公

* 由父亲 H. 亨茨曼（H. Huntsman）于 1849 年在萨维尔街创立。这个品牌自 20 世纪 50 年代起以有硬挺肩线和合身腰线的骑装外套而闻名。父子俩也一直保持着“萨维尔街起价最昂贵的两件式西装”的头衔，并因为这个噱头出现在了汤姆沃夫的小说里。

1908 年 6 月，苏格兰女子登山俱乐部的联合创始人露西 · 史密斯（Lucy Smith）和波琳 · 兰肯（Pauline Ranken）攀登爱丁堡的索尔兹伯里峭壁。

图片由苏格兰女子登山俱乐部提供

司还为她的老搭档加里·格兰特（Cary Grant）设计制作服装。即使是现在，批量生产的男裤尺码相当宽泛，从腰围到立裆尺寸选择多样；仅标准尺码范围就可能提供 72 种不同的选择，且不包括大码、高码或短码。相比之下，女式裤子尺寸与连衣裙和其他类型的女装一样，遵循同样有限的码数系统。女装中只有牛仔裤和男式裤子一样，是按腰围和立裆尺寸来确定尺码的，不过这种方法并不总是有用，因为女性腰围和臀围之间的差异往往更大。李维斯（Levi's）从 1994 年开始提供牛仔裤量身定制服务，2001 年兰兹角（Lands' End）也推出了这种服务。Not Your Daughter's Jeans* 是加州的一个品牌，于 2003 年投入市场，当时正值低腰牛仔裤风潮。该品牌以销售前所未有的 66 种尺码的现成女式牛仔裤而闻名，包括小码、大码、高码和短码。

毫不奇怪，考虑到尺码问题，长期以来人们一直对女性穿裤子怨声载道，其中的一个原因就是他们认为裤子不够养眼。1939 年，《时尚》杂志上一篇题为《乡村生活中的休闲裤和裙子》（Slacks and Skirts for Country Living）的文章居高临下地建议："如果你的体重低于 150 磅，你会需要一两条休闲裤……不需要像男人一样量身定做——毕竟，你的身材与其不同……如果你的臀部比较丰满，试试穿长款开衫……如果

---

* 修身牛仔裤，简写作 NYDJ，换句话说就是专门给成熟女性设计的牛仔裤，可以使着装者的腹部变平，能够收住腰部挤出来的一堆救生圈，号称能将着装减小一个甚至是两个尺码。该品牌虽然历史不长，但是凭借其特色风靡欧美。

是去吃晚餐，可以穿一件喇叭形的束腰外衣。”[特立独行的时装设计师伊丽莎白 · 霍斯（Elizabeth Hawes）反驳道：“臀部浑圆、腹部凸出的男士和女士一样多。”] 这篇文章明确指出，裤子只能“在你自己的地盘上穿，或在海滩……或在小船上穿……如果在远洋客轮上，裤子通常只能在运动甲板上穿”。1964 年 7 月，当裤子开始从乡村和度假胜地的衣柜里悄然进入城市生活时，《时尚》杂志再次给予了有条件的赞美：“如果你身材匀称，拥有娇小的臀部和纤细的双腿，且在合适的场合，裤子是一种时髦、讲究的穿搭选择，完全适合我们的时代……也确实适合我们的私人生活。”当时，许多设计师只提供 12 码（现代尺码为 6 码或 8 码）以下的女式裤子，暗示它们不仅适合私人生活，而且只适合非常娇小的人。如果女性继续选择穿连衣裙，部分原因是与批量生产的裤子相比，它对女性的身材更加包容，女性因此在身体和心理上也更加怡然自得。

我并不认为 20 世纪女性所取得的备受赞誉的时尚成就是微不足道的或仅仅是象征性的，但我想提出另一种解释：就舒适度、新颖性、实用性、现代性或进步性而言，裙子并不一定与裤子对立或不如裤子。当然，长期以来，女性一直穿
着裙子登山、探索丛林、骑马、骑自行车、从事体力劳动， 14
并享受体操、击剑、滑雪甚至拳击等运动，即使这只是因为她们别无选择。

让女主人公穿裤装，以表明她热爱运动、勇于冒险、心存叛逆，或者在某种程度上“与其他女孩不同”，这已成为

古装剧中一种取巧的陈词滥调，时尚历史学家安妮·霍兰德（Anne Hollander）在她的《透过衣服》（*Seeing Through Clothes*）一书中称之为“服装的伪历史”。当然，一些大胆的女明星，如布鲁默、黛德丽、赫本和阿米莉亚·埃尔哈特（Amelia Earhart）曾因为穿着裤装而更加出名。但是妇女参政论者和士兵却穿着裙子游行。民权运动的女英雄——罗莎·帕克斯（Rosa Parks）、鲁比·布里奇斯（Ruby Bridges）、2/3 的小石城九勇士（Little Rock Nine）*，以及穿着教堂服装的血腥星期天（Bloody Sunday）** 的游行者，都穿着裙子表明了自己的立场。弗里达·卡罗（Frida Kahlo）和乔治亚·奥基夫（Georgia O'Keeffe）身着裙装，掀起现代艺术的革命。玛丽·居里夫人（Marie Curie）曾两次穿着裙子领取诺贝尔奖。当美国国家航空航天局（NASA）将人类送上月球时，用其中一台“计算机”——数学家凯瑟琳·G. 约翰逊（Katherine G. Johnson）的话来说：“‘计算机’穿着裙子。”

尽管女性可以选择裤装的机会越来越多——这是一种表面上更实用、更舒适的选择——但她们没有放弃裙子，这一次是她们自己的选择。1968 年，雪莉·奇泽姆（Shirley Chisholm）成为首位当选国会议员的黑人女性，并于 1972

---

* 指一群非裔美国高中生，他们挑战阿肯色州小石城公立学校的种族隔离政策。

** 1972 年在北爱尔兰德里发生的流血事件。1972 年 1 月 30 日，北爱尔兰民权协会组织了一次反对英国在北爱尔兰实行的不经审判就关押的收容制度的游行。游行民众与英国伞兵军队发生冲突。英军使用实弹射击，造成大量游行者伤亡。

1972 年，美国众议员雪莉 · 奇泽姆——第一位当选为国会议员的黑人女性——与纽约剧院的观众讨论即将到来的总统竞选。
美联社 /Shutterstock.com

年竞选总统。她以穿图案大胆的连衣裙和套裙而闻名，其中许多都是她自己设计的。有一次，她的工作人员劝她在众议院中穿裤装，就像其他一些女性议员已经开始做的那样。结果，她确实穿上了长裤，但把它隐藏在一件长及脚踝的无袖外套里，她的新闻助理回忆说："她很尴尬，一直埋头看报。她那天肯

15 定把《纽约时报》读了七遍。”对于一位在辩论中从不怯场的女性来说，这是一种非同寻常的表现。虽然奇泽姆私下里也穿长裤和裙裤，但在职业生活中，她感觉穿裙子更放松自在。

如今，女性拥有的时尚表达方式不胜枚举，与男性相比，
当然更加包罗万象。因为尽管男性拥有权力和特权，但也只是
16 最近才开始涉足连衣裙和短裙领域（而不是苏格兰格呢短裙、
阿拉伯长袍、纱笼、腰布和其他男式或中性的传统裙装）。正
如阿米莉亚·布鲁默和她的妇女参政论支持者们意识到裤子是
在破坏而非帮助她们的事业一样，20 世纪的女性发现，她们
不需要通过“穿裤子”，也不需要通过任何既实用又进步的着
装方式来行使权力和影响力。随着女性在社会和身体自由方面
获得进步——赢得了选举、参军和参政的权利，她们的衣柜也
发生了变化。连衣裙本身不仅不再体现过时的女性刻板印象，
而且变得现代了。马里亚诺·福图尼（Mariano Fortuny）、
香奈儿和让·帕图（Jean Patou）等设计师从历史中汲取灵
感，同时融入新的品味和技术，重新定义了 20 世纪的服装。
裙摆越来越高，剪裁越来越注重廓形。去掉了紧身胸衣和衬裙
等束缚人的内衣，裙子在 20 世纪以永恒和完全现代的形式再
次出现。事实上，那个时代最重要、最具影响力的女性时装是
裙子，而女性裤装直到 20 世纪 70 年代中期仍处于边缘和备
受争议的状态。

本书通过介绍这些改变游戏规则的服装来审视 20 世纪女装的历史，包括一些著名的款式，如小黑裙和酒吧套装，以

及一些更令人费解的创新，比如蓬蓬连衣裙（随附端锅用的防烫手套）和的士裙（冯·芙丝汀宝裹身连衣裙的前身）。本书研究了媒体、互联网和名人在宣传和普及新时尚方面的作用，并思考了伊夫·圣罗兰（Yves Saint Laurent）、霍尔斯顿（Halston）、三宅一生（Issey Miyake）、亚历山大·麦 17
昆（Alexander McQueen）和多纳泰拉·范思哲（Donatella Versace）等重要设计师的贡献。虽然书中提到的所有款式均起源于 20 世纪，但它们仍然影响并塑造着当代时尚。这些创新的、有影响力的服装不仅展现了它们被第一次穿着的独特时代和穿着它们的女性，而且演绎成为永恒的时尚传统，在几十年后继续被设计师们重新诠释。20 世纪裙子的故事反映了女性自身命运、自由和理想的变化。

19

1

德尔斐长裙

女神装扮

The Delphos: Goddess Dressing

新的一年，或者新的世纪来临的时刻，是一个既需要回顾也需要期待的时刻，是需要重新审视什么是成功、什么是失败，什么注定要被扔进历史的垃圾箱，什么值得坚持的时刻。在20世纪的第一个10年里，回望渐行渐远的过去，时尚超越了工业革命中出现的弹簧钢衬裙和塑形紧身胸衣，超越了旧制度下压迫性的奢侈品。由于新技术——机械轧棉机、动力织布机、缝纫机、金属扣眼——的出现，在19世纪的发展过程中，女性服装已经陷入了装饰的泥潭，女性的身体被挤压填塞得面目全非，扭曲成不自然的曲线，她们头上顶着硕大的、缀满羽毛的帽子，用时装设计师保罗·普瓦雷（Paul Poiret）的话说：女性看起来就像“装饰过的包袱”。[1] 为了继续向前，时尚必须向后，回到起点。

在古代，那些寻求指引的人会前往神庙请示神谕。最著名 20
的神谕位于希腊城市德尔斐（Delphi）的阿波罗神庙中，这座城市以阿波罗之子德尔弗斯（Delphos）的名字命名。时装设计师马里亚诺·福图尼（Mariano Fortuny）正是在德尔斐寻找到灵感——尤其是从古希腊青铜雕塑德尔斐战车手中得到灵感。1896 年，法国考古学家重新发现了这尊保存异常完好的雕像（见彩插图 2），同年，第一届现代奥运会在雅典举行。这尊真人大小的雕像穿着一件叫作“希顿”（chiton）的长褶束腰外衣，腰部系着腰带，背部和肩膀上系有细带；服装的线条突出了年轻人的高挑身材。这件作品既出乎意料又引人注目，因为希腊运动员都是裸体参赛的；雕刻家可能是想描绘比赛胜利者绕场一周的情景，而不是战车比赛中的某个时刻。

古代服装并不是根据现代早期完善的复杂服装结构裁剪而成的，而是通常由直接从织布机上取下的未裁剪的布料组成的，这些布料被披在身上，用别针或系带固定在适当的位置，几乎没有缝合。然而，不要被它们表面上的简单工艺所迷惑。在古埃及，亚麻服装是水平褶皱的，制作的方法至今不为人所知，但却非常有效，现存的样品直到今天还保留着这些褶皱。罗马托加袍（Roman togo）*必须精确地编织成半圆形，才能正确地

* 古罗马市民穿的宽松大袍。

向下垂，任何试图用矩形床单重现这种造型的人很快就能学会。

然而，希腊人用经过仔细折叠和固定的长方形织物制作服装的技艺，被福图尼发挥得淋漓尽致。古希腊男女都穿的三种
21 主要服装是：希玛纯（himation），一种披肩或斗篷；希顿，一种古希腊人贴身穿的宽大长袍，将对折成两半的矩形布料，沿着上臂系牢，形成袖子；还有帔络袍（peplos），一种对折的正方形布料，在两肩处用别针固定，束上腰带，再在腰部折叠。福图尼 1909 年的德尔斐长裙是用四五片褶皱织物手工缝制成管状，在脖子处收拢，然后在上臂用串珠和绳子间隔固定（古代的款式使用一种名为“fibulae”的装饰别针）。

福图尼使用的不是半透明的亚麻布，而是进口的日本丝绸，将之手工染成种类丰富的单色，并使用一种耗时的专利工艺制作褶皱，该工艺涉及加热的瓷管，时至今日，还从未有人成功复制过。将从蛋清中提取的白蛋白刷在褶皱处以定型，这同时增加了丝绸的光泽和柔软度。《时尚》杂志用公元前 4 世纪首次在希腊制作的塔那格拉（Tanagra）* 陶塑称赞德尔斐长裙，称其具有“纯粹的塔那格拉之美”。这种裙子触及了一种由来已久的美丽理想，把凡人变成了女神，让一件转瞬即逝的服饰承载了数千年的厚重历史。

作为德尔斐长裙的一种变体，帔络袍有一件及腰的罩衫，沿着领口与无袖内裙连接。束腰外衣的下摆接近腰部的褶

---

* 希腊神话中的一个女神，后又有“体态优美的年轻女子”之意。

大约在1920年，舞者伊莎多拉·邓肯（Isadora Duncan）的女儿玛戈特 22
（Margot）、安娜（Anna）和丽莎（Lisa）穿着福图尼设计的礼服。
Museum of Performance & Design

皱（apoptygma），这是古典帔络袍的一个特征。德尔斐长裙的两侧更长，这是福图尼为了装饰效果对典型的帔络袍的结构特征所做的创新。长袍的褶皱和褶裥呼应着古代建筑柱子上的凹槽。但它们不仅仅是装饰元素。褶皱使织物具有弹性；与普瓦雷那件遭人诟病的蹒跚裙不同的是，德尔斐长裙
23 简单流畅，既不妨碍活动，又具有紧贴身体的廓形。在没有接缝或底层结构的情况下，褶皱也决定了衣服的形状——或者更确切地说，它们确保了衣服符合穿着者的身体廓形，随着其身体的活动呈现出灵动和飘逸的感觉。“它们就像美人鱼的鳞片一样紧贴着身体。”福图尼的客户戴安娜·库珀（Diana Cooper）[2] 回忆道。正如策展人哈罗德·科达（Harold Koda）所指出的那样：“这种对女性自然形态的颂扬，以及基于简单几何形状变换出不同效果的服装理念，使古希腊服装成为 20 世纪奉行现代主义策略设计师的典范。”[3] 裙子足够长，可以环绕在穿着者的双脚周围，这一细节借鉴了古代瓶画。慕拉诺（Murano）* 玻璃珠串在丝线上，嵌在裙摆底边，不仅吸引眼球，而且实用，增加了丝绸的重量，确保它平稳垂坠。这些裙子可以单独穿，也可以与其他服饰搭配，如福图尼设计的“克诺索斯”（Knossos）长丝巾或印有基克拉迪（Cycladic）艺术图案的外套和束腰外衣。

---

* 慕拉诺是位于意大利东北边境威尼斯外海的小岛，岛上以玻璃制作为主，有成百上千的玻璃工坊，是世界玻璃制造的重镇。

福图尼既是艺术家又是科学家。他出生在伊斯兰辉煌时期的格拉纳达（Granada），20 岁时移居到了同样富有传奇色彩的威尼斯。他在那里度过了余生，兼收东西方的精华，1906 年开设了自己的设计公司。在拜占庭式（Byzantine）的奢华环境中，他绝俗离世、专心致志地工作，远离严格组织化的巴黎高级时装工作室。他创造了独特的服装词汇，并开创了印染、编织、印花和制作打褶布料的新技术。他获得了超过 20 项的发明专利——尽管他在德尔斐长裙专利申请上的空白处注明这是他和妻子亨丽埃特（Henriette）共同获得的荣誉。

福图尼并不是第一个从古典主义中汲取灵感的设计师。就 24
像德尔斐长裙一样，18 世纪晚期的新古典主义受到了考古学的启发而开始复兴，这一复兴涉及家具、艺术、建筑以及时尚行业。对庞贝（Pompeii）古城和赫库兰尼姆（Herculaneum）古城的发掘始于 18 世纪中期，这激起了人们对古代艺术和文化的广泛兴趣。玛丽 · 安托瓦内特（Marie Antoinette）和其他法国宫廷女子都穿上简单的白色棉布长袍，模仿出土的大理石雕像，尽管这些大理石最初涂的是鲜艳的颜色。英国驻那不勒斯大使夫人艾玛 · 汉密尔顿（Emma Hamilton）以她的“姿态”而闻名，这是一种行为艺术形式，灵感来自她丈夫收藏的古代雕像和花瓶。她穿着轻薄的长袍，披着披肩，以一系列受古典艺术启发的戏剧性姿势招待朋友和来访者。梅莱西娜 · 圣乔治（Melesina St. George）在她的日记中写道：“她把披肩整理成希腊式、土耳其式和其他垂褶形式，配上各种各样的包头巾。她对包头巾的处理别具一格，包得又快又好又轻松。”

19 世纪早期的“帝国线”（Empire Line）实际上是古希
腊人的高腰束带。拿破仑宫廷中的女人腰间系着这种高腰束带，
配上珠宝，仿照罗马皇后的半身像，头上梳着“古董”发型。
“伊特鲁里亚”（Etruscan）图案或“希腊”设计取代了古代纹
章中起伏的丝带、花朵和羽毛，浮雕和黄金臂章取代了钻石和
珍珠。玛丽·安托瓦内特一直讲究衣服要遮盖住她的胳膊和脚
踝，但法国大革命在进行激进的政治改革的同时，也引入了开
25 放的性观念。高腰、低领口的紧身白色薄纱裙模仿了紧贴古典
雕像的垂褶袍，数百年以来第一次使女性露出上臂，勾勒出腿
部轮廓。阿布兰特公爵夫人（Duchesse d’Abrantès）抱怨道：
“再也无法遮掩了。如今，一个相貌平平的女人看起来愈加其貌
不扬，一个身材不佳的女人更加被人们遗忘在角落里。只有那
些头发浓密、双乳玲珑、身材苗条的人才能胜出。”[4] 皇帝的妻
子约瑟芬·波拿巴（Joséphine Bonaparte）就是少数的幸运
儿之一。

富有想象力的配饰完美展现了希腊风情。高跟鞋被平底鞋所取代，这种轻便凉鞋的鞋带系在腿上，使人们注意到裸露的肌肤或肉色的长袜。羊绒披肩模仿了古代雕像的垂褶袍，提供了必需的温暖；传统的泪滴形松果图案和淡雅的花卉图案为朴素的白色礼服增添了视觉乐趣。1790 年，这种披肩首次出现在法国时尚杂志和肖像画中，但直到拿破仑在埃及发动战争后，披肩才得以推广普及。因为在埃及，披肩很容易从商人那里购得。

随着拿破仑被流放到厄尔巴岛（Elba）以及法国君主制的恢复，时尚变得更加保守和遮掩。在英国，维多利亚女王提倡中产阶级的道德观，树立了冷静体面的典范。织造和缝纫的机械化使时装价格更加合理，而且具有更强的装饰性；化学染料使之颜色更加鲜艳，以至于有些人觉得花里胡哨。钢骨和金属孔眼使得制造出的紧身胸衣、衬裙和裙撑让身体扭曲变形。服装改革活动人士抨击这些华丽的服装和复杂的底层结构既丑陋又不健康；他们提出了更有吸 26
引力、更“卫生”的替代方案，比如保暖的羊毛内衣、裤裙、重量小于 7 磅的衬裙，以及受前工业时代服装启发的服装。许多艺术家也反对现代服饰，包括 1848 年在英国成立的拉斐尔前派绘画兄弟会（Pre-Raphaelite Brotherhood of Painters）和英国工艺美术运动（English Arts and Crafts Movement）的领导者，他们让模特身着经过仔细研究并重制的古典及中世纪服装、留着这个时期的发型，去除一切现代痕迹，以此来描绘历史和神话题材。

福图尼也试图摒弃非自然的基调，引进“理性的”和“审美的”时尚。他的服装可能受到了古人的启发，但他设计的作品在创新的制作技术和注重身体轮廓方面完全是现代的。库珀夫人欣喜地说：“系着扣子的靴子、曲线、撑上鲸骨的领子、直前襟的紧身褡都消失了。希腊——一切都必须是希腊的。我必须……头上佩戴新月冠，身穿垂褶裙，穿凉鞋或赤脚……穿上装饰短裙……露出白皙而光滑的四肢。”[5] 虽然对大众来说这种风格太大胆（也太昂贵），但还是受到了像库珀这样的贵族和知名女演员及艺术家的追捧——这些女性有足够的金钱、胆量或社会影响力，从而可以摒弃传统。玛切萨·路易莎·卡萨蒂（Marchesa Luisa Casati）* 是福图尼的首批客户之一。现代舞蹈先驱伊莎多拉·邓肯、露丝·圣丹尼斯（Ruth St. Denis）和洛伊·富勒（Loïe Fuller）穿着德尔斐长裙表演了她们的前卫舞蹈，与酒神（Bacchantes）和米诺斯（Minoan）妇女的旋转及裸露的肢体相呼应，正是她们激发了福图尼的创作灵感。女演员莎拉·伯恩哈特（Sarah Bernhardt）、娜塔莎·兰博娃（Natacha Rambova）、莉莲·吉什（Lillian Gish）和埃莉奥诺拉·杜丝（Eleonora Duse）都喜欢福图尼服装自由飘逸的造型、充满异国情调的图案和颜色。许多名流都曾穿过福图尼设计制作的服装，比如，雕刻家埃琳娜·索罗拉·加西亚（Elena Sorolla García）、美籍华裔画
27 家和作家施美美（Mai-Mai Sze）、艺术收藏家佩吉·古根海姆（Peggy Guggenheim）、室内设计师埃尔西·麦克尼尔（Elsie McNeill）和时装设计师克拉丽斯·库德特（Clarisse Coudert）——她嫁给了旗下拥有《名利场》（*Vanity Fair*）和《时尚》等大牌杂志的出版集团康泰纳仕（Condé Nast）的老

* 卡萨蒂生于 1881 年，死于 1957 年，是 20 世纪最著名的怪癖美女，不是牵着猎豹出门，就是拿活蛇当珠宝首饰。她是 20 世纪意大利最著名的贵族。作为 20 世纪早期高级时装背后的推动者之一，她投入大量资金赞助时装设计师，保罗·普瓦雷和马里亚诺·福图尼等人为她设计奢华服装，她穿着这些服装参加欧洲各地的晚宴和舞会，所到之处必会引起一番轰动。

板。但即使是他那些最反传统的客户也会将德尔斐长裙留在家里穿。时尚的弧线向非正式化倾斜，一代人的休闲服装成为下一代人的正装。几年之后，德尔斐长裙才被人们接受，成为可以在家之外穿着的晚装。

马塞尔·普鲁斯特（Marcel Proust）在《追忆似水年华》（*A la recherche du temps perdu*）中致敬了福图尼，让艾伯丁·西莫奈（Albertine Simonet）和格芒特夫人（Madame de Guermantes）穿上福图尼礼服裙，“上面挂满了阿拉伯饰品，就像藏在镂空石头屏风后面的苏丹女眷那样隐秘的威尼斯宫殿”。正如普鲁斯特所言，西班牙人的设计“忠实于古董，但又具有明显的原创性”。但新古典主义和东方主义（一个在当时涵盖了非洲、中东、俄罗斯以及亚洲设计影响的术语）并非福图尼的作品所独有的风格。它们也出现在与他同时代的莱昂·巴克斯特（Léon Bakst）为俄罗斯芭蕾舞团设计的服装上，以及维也纳工坊（Wiener Werkstätte）制作的服装和纺织品上。维也纳工坊的联合创始人约瑟夫·霍夫曼（Josef Hoffmann）在1895年赢得罗马大奖（Prix de Rome）后曾访问过庞贝城。

时装设计师保罗·普瓦雷因其热情奔放的东方主义风格而被人们铭记，他的作品包括缀满珠宝的头巾、尖塔形的裙子和飘逸的哈伦裤。但他早期的设计都是古希腊式的高腰无束胸礼服。1913年，《时尚》杂志甚至将他誉为“简约先知”。这位设计师说：“只有当我的作品给人一种简约的魅力或者一种平

静而完美的印象时，就像站在一尊古老的雕像前所感受到的一
28 样，我才会对它们感到满意。”[6] 然而，普瓦雷对古代的想象经过了五人执政内阁时期（Directoire）* 和帝国时期（Empire）** 浪漫化的新古典主义的过滤；他将其竖条纹褶裥裙命名为“约瑟芬”（Joséphine，该名取自约瑟芬·波拿巴）和“1811”，并搭配披肩、阳伞和束发带等饰品，束发带的包装上写着“致斯塔尔夫人”（à la Madame de Staël），以约瑟芬同时代的作家斯塔尔夫人（Germaine de Staël）的名字命名（见彩插图 3）。

除了 1911 年著名的“第 1002 夜”（1002nd Night）化装舞会，普瓦雷还在 1912 年夏天举办了一场派对，名为“酒神的盛宴”（Feasts of Bacchus）。300 名宾客穿着普瓦雷设计的灵感来自希顿的时尚礼服和长褶束腰外衣（饰以希腊钥匙和希腊波浪图案），以及更具戏剧性的服装，就像这位戴着假发的设计师自己穿的一样。普瓦雷在他的自传中回忆道：“我接待他们时，打扮得像朱庇特的黄金象牙雕像，金黄色的卷发，金黄色的胡须，披着象牙薄纱，脚上穿着短靴。”

德尔斐长裙不仅领先于它的时代，而且长久流传。虽然创作灵感源自古代，但它从未过时，这在变幻无常的女性时尚界实属罕见。那些拥有这种礼服裙的人足够幸运，几十年来一直

---

* （1795~1799 年法国革命政府的）五人执政内阁。
** 法兰西第一帝国时期（1804~1815）。

保留并时而把它们派上用场。1969 年，在设计师去世 20 年后，社交名媛格洛丽亚·范德比尔特（Gloria Vanderbilt）穿着她的福图尼礼服为《时尚》杂志拍摄照片，她说：“这些衣服就像自己的皮肤……它们如此舒适，用一种奇妙的方式贴合肌肤，凸显曲线轮廓。然而它们又是如此的纤巧、精美……柔软。”饰演《日瓦戈医生》（*Dr. Zhivago*）女主角的演员杰拉尔丁·卓别林（Geraldine Chaplin）在 1979 年的电影《妈妈一百岁》（*Mamá cumple 100 años*）中穿着她母亲的一件德尔斐长裙，披着披肩，她张开双臂迎风而行的镜头仿佛“萨莫色雷斯的胜利女神”（Winged Victory of Samothrace）*（见彩插图 4）。演员劳伦·白考尔（Lauren Bacall）在 1979 年的奥斯卡颁奖典礼上穿了一件红色的复古式德尔斐长裙，作家、哲学家苏珊·桑塔格（Susan Sontag）在 2004 年下葬时穿的是一件
仿造的福图尼礼服。与其他时装不同的是，德尔斐长裙不是挂 29
在衣架上，而是被扭曲地卷在圆盒子里，以保持褶皱——正如库珀夫人所说，“像一缕羊毛一样被拧来拧去”。[7] 在世界各地的衣橱和博物馆里，色彩艳丽的德尔斐长裙蜷曲在黑暗之中，就像等待出击的蛇。

在充满不确定的历史转型时期，女性一次又一次地回归

* 约公元前 200 年创作的大理石雕塑，作者不详，现收藏于法国巴黎卢浮宫。该雕塑雕刻的是萨莫色雷斯岛海边悬崖上的胜利女神，虽然女神的头和手臂都已丢失，但其被认为是古希腊雕塑家高度艺术水平的杰作，人们看到和感受到胜利女神展翅欲飞的雄姿。

古代的朴素优雅，以寻找女性力量的原型。20 世纪初，为了争取选举权，美国和英国的女性组织选举权庆典、游行和哑剧表演，古典意象是这些活动的一大特色——精心准备的戏剧盛宴确保了这些集会能够被拍摄和宣传。据《伯明翰新闻报》（*Birmingham News*）的报道，在具有里程碑意义的 1913 年华盛顿特区妇女选举权游行（Woman Suffrage Procession）中，财政部南侧门廊的爱奥尼亚柱（Ionic colomns）为代表正义、自由、希望以及其他美德的在游行中上演的舞台剧中“寓言人物所穿的希腊服饰提供了一个迷人且恰如其分的背景”。同年晚些时候，在巴尔的摩（Baltimore）举行的游行中，身穿希腊长袍的女性驾驶着金色战车，这代表女性可以参加投票的州。许多女性参政论者从头到脚都穿着白色，在该运动的官方形象中，白色代表着纯洁和美德，也让人想起古典雕像。这在视觉上产生了不可磨灭的影响，表达了团结与尊重，同时也便于传递给处于不同经济地位的女性，让她们知晓。（女性政治家和国会议员在今天的重要场合仍然穿白色衣服，以声援早期的女性参政论者。）易于识别的典故赋予选举权运动以知识和道德权威；通过穿得像女神，女性参政论者展现了力量和英雄主义，而不
30 至于显得过于男性化［出于同样的原因，圣女贞德（Joan of Arc）成为一个受欢迎的女权主义象征］。女性参政论者没有进行愤怒的抗议，而是与优雅、美丽和智慧的古老象征结合，身体力行地表明给予女性选举权不仅是一种美德和民主，而且是势在必行的。

古典主义是一种反时尚的时尚宣言，无论它的简约是真实的——比如一条管状的紧身连衣裙——还是设计师费尽心思地隐藏或掩盖那些复杂的接缝和垫衬的结果，比如一件精心制作而成、看上去随意垂褶的成衣。它的极简主义让时间重置，净化了审美，让时尚回归至其本质——尤其是对发生在 18 世纪 90 年代和 20 世纪 90 年代的服装过度装饰做出了回应。德尔斐长裙的经久不衰证明了它的可持续性，因为它激起了玛德琳 · 维奥内（Madeleine Vionnet）、霍尔斯顿和三宅一生等众多设计师的效仿和致敬。虽然每一件作品都是从独特的角度对古典的重新诠释，但它们有几个共同特征，主要是垂坠、褶皱、不对称和白色。它们都不用拉链和扣子，而是用胸针、领带、抽绳、细腰带或细绳来固定。它们与珠宝、发带、凉鞋等古典配饰以及极简的内衣搭配，相得益彰。

20 世纪 30 年代早期的流线型现代主义植根于新古典主义，这一时期庄严而典雅的建筑风格呼应了柱状的白色晚礼服，这些晚礼服采用柔顺的哑光面料，线条严谨但充满诱惑力，看起来更像冰冷的大理石，而不是半透明的亚麻布。这种风格对女性设计师特别有吸引力，比如奥古斯塔 · 伯纳德夫人 31
（Augusta Bernard）、格雷夫人（Madame Grès）、玛丽亚 · 莫纳奇 · 加伦加（Maria Monaci Gallenga）和维奥内，她们用这种风格来赞美女性身体的自然轮廓。曼 · 雷（Man Ray）、塞西尔 · 比顿（Cecil Beaton）、霍斯特 · P. 霍斯特（Horst P. Horst）和他们的同时代人在 20 世纪 30 年代的时尚摄影中，把模特变成了神秘而超凡脱俗的女神。长期担任康泰纳仕常务董事兼主席的哈里·约克萨尔（Harry Yoxall）回忆说，在照片拍摄中，“我们巴黎的工作室里回荡着锯子和锤子的交响曲，工匠们在帕特农神庙（Parthenon）或伊瑞克提翁神庙（Erechtheum）上拼装细节，为可爱的带褶花边连衣裙增光添色。伟大的时装设计师都是彩色雕像的塑造者，雕像轮廓生动，如同身着他们设计的时装的女性。他们是皮格马利翁（Pygmalions），他们的加拉提亚（Galateas）一定会苏醒”。[8] 时尚、古代史和美术的相互作用赋予了这些感官设计一种理性的潜台词。

自福图尼之后，没有哪个设计师比维奥内更贴近经典美学了，她选择了一个站在爱奥尼亚柱头上的女人作为她的标志。时尚编辑卡梅尔·斯诺（Carmel Snow）称她为“织物艺术家”，她开了斜纹剪裁的先河——在材料的纹理上进行横切——这种方法不需要使用已获专利的褶皱工艺就能产生贴合感。（为此，她采用了非常宽的面料，并尽量减少可能分散注意力的图案和装饰。）她从不绘制草图，而是利用放在转盘上的一个小的木制人体模型进行设计。最小的表面装饰包括从希腊花瓶上提取的刺绣图案。像雕塑家一样，她从三维角度进行设计，对礼服的前后倾注了同样多的注意力。维奥内也为伊莎多拉·邓肯设计服装，她的模特像邓肯的舞者一样赤着双脚。她声称，第一个摒弃紧身胸衣的人是她，而不是普瓦雷。她的礼
32 服没有显眼的内衣或硬邦邦的衬里。也没必要有。维奥内专为

高挑苗条的女性设计服装，把所有不符合她理想身材的人赶出了她的高级服装工作室，它是一座时尚的万神殿，殿内有勒内·拉里克（René Lalique）雕刻的长幅壁画和门廊，以及乔治·德·费雷（Georges de Feure）绘制的壁画，壁画里的女性穿着维奥内设计的时装。在 1931 年为《时尚》杂志拍摄的一系列著名照片中，乔治·霍伊宁格·休恩（George Hoyningen Huene）创作了一种浅浮雕效果。模特索尼娅·科尔默（Sonia Colmer）穿着维奥内设计的飘逸睡衣，为了达到扁平的效果，在一块覆盖着黑色面料的倾斜板上摆姿势，她袍子上的褶皱被小心地固定在合适的位置。1924 年，《邦顿公报》（*Gazette du bon ton*）指出，维奥内永不过时的服装“超越时尚”。

与维奥内同时代的格雷夫人设计的希腊风格礼服也是如此。时尚策展人马德琳·金斯伯格（Madeleine Ginsburg）在 1972 年指出：“大概只有格雷夫人自己才能确切地分辨出哪条是昨天做的华丽长袖褶皱针织连衣裙，哪条是 1938 年制作的华丽长袖褶皱针织连衣裙。”[9] 格雷本名杰曼·克雷布斯（Germaine Krebs），在业内也被称为阿利克斯夫人（Madame Alix），小时候“想成为一名雕塑家”。她曾说过：“对我而言，与面料打交道和与石头打交道是一回事。”她的一名模特回忆道：“她的服装制作过程和我所知道的任何事情都很不一样，格雷先是把布料折叠，再用别针别好，然后把布料紧贴在一起，几乎当场就完成了一条裙子。”[10] 这位设计师用双倍宽度的丝绸针织面料创作了她

1931 年，由乔治 · 霍伊宁格 · 休恩为《时尚》杂志拍摄的照片，照片中模特索尼娅 · 科尔默穿着维奥内设计的飘逸睡衣。
Wikimedia Commons

的“活雕塑”，通常使用白色和灰色的色调，这是大理石和其他石头的颜色（见彩插图 5）。

1954 年，威利 · 梅瓦尔德（Willy Maywald）拍摄了一件格雷的礼服，模特露出一侧乳房，就像米洛斯的维纳斯一样，一半是女人，一半是裙子。与维奥内相同，格雷也从三种 33
维度进行设计，把服装直接覆盖在身体上。但她总是掌控着一切。她将褶皱缝在合适的位置上，把她那夸张的布料固定在爱丽丝 · 卡多尔（Alice Cadolle）制作的隐形贴合的紧身胸衣上。她的礼服和维奥内的一样复杂，只是不那么依赖于斜纹剪裁；礼服是奢华而非极简风格的，有褶皱、领带、绑带、裙摆和编织腰带。有些礼服是用交织的布条做成的，礼服上的有些部分是剪掉的，让人可以瞥见裸露的身体。《时尚》杂志编辑贝蒂娜 · 巴拉德（Bettina Ballard）还记得格雷的一件露脐晚礼服，“这是最大胆的时尚”。[11] 但对于格雷来说，最终目标是打造一件无缝服装。在 1939 年的纽约世界博览会上，她展示了一件用单一长度的布料做成的垂褶收腰礼服。

1943 年，当美国在多条战线上发动战争时，古代历史为人们提供了理想主义和逃避现实的机会。玛丽 · 马丁（Mary Martin）在百老汇首次担任女主角，在《维纳斯的一触》（*One Touch of Venus*）中饰演当代纽约生活中的罗马爱神雕像，这是一部改编自皮格马利翁神话的音乐剧。制片人向她保证，她将“穿着世界上最漂亮的衣服”出演。出生于芝加哥的巴黎时装设计师梅因布彻在战争爆发时回到了美国，他被招募来设计马丁的服装，这是他第一次设计舞台服装。马丁在自传中回忆道："每当我以维纳斯的身份走上舞台时，人们都为梅因的服装鼓掌。"《时尚》杂志刊登了一份两页的广告，展示了马丁所有 8 套服装的照片，其中既有"希腊式"礼服，也有带古董装饰的当代服装，比如交叉的肩带、细绳带和"一条大概有一个街区那么长的巨大针织围巾"；这些服装还登上了《时尚芭莎》
34 （*Harper's Bazaar*）杂志和《生活》（*Life*）杂志的封面。这些服装在很多方面将人塑造得高挑挺拔，让这位身高 5 英尺 3 英寸（约 1.63 米）的天后在舞台上展现出了女神般的风采；向上梳的发型、低胸的领口、肉色的紧身衣、露背的款式将她的轮廓拉长了。不过，马丁服装的颜色不是大理石般的白色，而是渐变的粉色——"维纳斯粉"（Venus Pink），其灵感来自神话中维纳斯出生的贝壳的内部，在那年秋天风靡一时。梅因布彻继续在台上和台下为马丁设计服装，用粉色丝绸给她做服装的衬里，以示对女神的敬意。[12] 在 1948 年的电影版音乐剧中，艾娃·加德纳（Ava Gardner）扮演维纳斯的角色，奥里·凯利（Orry Kelly）为她设计了一套更为传统的希腊服装：一件托加式的白色长袍，包裹全身并系在一侧肩膀上。这位设计师后来告诉《底特律自由新闻》（*Detroit Free Press*）："在我提供服装的模特中，艾娃·加德纳拥有最完美的身材。她不需要任何内衣装饰……我所做的一切……就是给她的身体套上白衫。"

第二次世界大战结束后，一些时装设计师转向古典风格，将其视为针对战争恐怖的乌托邦式解毒剂。莫林诺克斯[*]和浪凡[**]都是那些试图复兴帝国装[***]妇女群体中的成员，尽管他们的努力被克里斯汀·迪奥的紧身胸衣和“新风貌”伞裙的成功挫败了（见第 6 章）。迪奥的剪裁和衬垫廓形与福图尼的贴身裙截然不同，但他也设计制作了包含古典元素的晚礼服，并以罗马女神维纳斯和朱诺的名字命名。（维纳斯礼服的灵感来自贝壳，朱诺礼服的灵感来自孔雀羽毛。）其他设计师将沙漏形连衣裙与短上衣、披肩或对比鲜明的紧身上衣搭配在一起，给人一种复古的感觉，提高了腰线。

如果说古典织物的简约风格无法轻易运用到战后的高级定 35
制服装中，那么它完全适合第七大道大批量生产的成衣和运动休闲服饰，为“美国风貌”（The American Look）[****]赋予了一种永恒的品质。尤其是女性设计师，她们接受了古典风格的轻松和平等主义，用便宜但结实的面料来表现这一风格。20 世纪 20 年代，克莱尔·麦卡德尔（Claire McCardell）在帕森斯设计学院巴黎校区（Parsons Paris）学习时，在跳蚤市场抢购了维奥内和格雷的礼服，然后拆开学习。在第二次世界大战期

---

* 爱德华·莫林诺克斯（Edward Mobyneux），英国皇家设计师，是该国第一个获此殊荣的礼服设计师。

** 浪凡，法国历史最悠久的高级时装品牌。其创始人让·浪凡（Jeanne Lanvin）是在一战和二战期间十分活跃的著名设计师之一，她开创的优雅精致的风格，为时尚界带来一股积淀着深厚文化底蕴的思潮。

*** 帝国装以高腰线为主要特征。

**** 美国风貌（借鉴美国国旗图案的服饰风格），也称美国风格。

间和战后不久，她设计的束腰绑带的紧身连衣裙、短裙和休闲装将牛仔布、床垫布和尼龙等简陋的材料提升到了美丽和优雅的超凡巅峰。1952 年，麦卡德尔为极速快递（Everfast）公司设计的一件束腰纯棉背心裙上印着希腊钥匙图案。[13] 像福图尼和维奥内一样，她也受到了无拘无束现代舞运动的影响，将舒适的卡培娇（Capezio）芭蕾鞋作为时尚平底鞋加以推广。维奥内的另一位美国学生伊丽莎白·霍斯（Elizabeth Hawes）将线条的简洁、行动的自由和材料的质量置于装饰之上，制作出既实用又舒适的服装。她给自己的礼服取了一些古典名字，比如“潘多拉”（Pandora）、“冥河”（The Styx）和“法尔纳姆”（Falernum），后者是一种罗马葡萄酒的名字。她对古董的热爱源于她对永恒而不追赶潮流的服装的偏爱；她向她的客户承诺，他们尽可以穿她的衣服，直至衣服变成碎片，都不会过时。蒂娜·莱瑟（Tina Leser）的运动休闲装灵感来自她的环球旅行，1945 年，她以“裹身连衣裙”的廓形设计赢得了科蒂奖（Coty Award），其中包括一件模仿印度腰布（dhoti）的
36 褶皱白色针织晚宴裙。1945 年 5 月，《时尚》杂志将莱瑟制作的带褶的白色塞拉尼斯人造丝泳衣描述为“希腊女神的游泳衣，大理石褶皱裸露而飘逸——对所有人来说都是美丽的”。模特穿着金属质感的金色凉鞋，梳着向上翘的“后髻发式”（Psyche-knot）。

第一夫人杰奎琳·肯尼迪（Jacqueline Kennedy）以穿着简单的 A 字裙和紧身连衣裙而闻名。但她对历史有着准

确的感知，在一个值得纪念的场合，她完全进入了女神的模式，1962 年在白宫晚宴上，她选择了一件由奥列格·卡西尼（Oleg Cassini）设计的希腊式青瓷丝绸礼服，邀请了诺贝尔奖得主、普利策奖得主、著名演员和杰出诗人共 49 人。肯尼迪的白宫可能被戏称为“卡梅洛特”（Camelot）*，但在那天晚上，它是一个新的雅典，汇集了科学、哲学、艺术和文学领域最优秀的人才。总统开玩笑说：“我认为这是白宫有史以来汇聚了最非凡的人才和人类知识的一次聚会，可能除了托马斯·杰斐逊独自在这里用餐的时候。”第一夫人的礼服让人感觉像是在雅典卫城（Acropolis）度过了一个夜晚。

大多数报纸在对这一活动报道时错误地称这件礼服是由雪纺制成的——大概是因为它的轻盈，才会犯这样的错误。《底特律自由新闻》坚称，这是一件“与众不同的海泡绿褶皱长袍”。对她来说，这是一个不同寻常的选择；不对称的领口使礼服就像一件紧身的系带衣服，色调让人想起维纳斯坐在贝壳上从海里升起的神话。1967 年，在柬埔寨金边王宫（Chamcar Mon Palace in Phnom Penh, Cambodia）的晚宴上，肯尼迪夫人穿了一件飘逸的华伦天奴（Valentino）礼服，重复使用了这一经典图案和颜色。这种礼服一半是宽长袍，一半是纱丽**，也借鉴了柬埔寨传统服饰肩布（sbai）。这一次，肯尼

---

* 源于 15 世纪的英国，卡梅洛特宫殿是传说中亚瑟王的所在之地。

** 印度、孟加拉国、巴基斯坦等国妇女的一种传统服装，是一种用丝绸为主要材料制作而成的衣服。

迪夫人露出了一侧肩膀和一只胳膊（尽管戴着一只长长的白色
37 手套）。海泡绿缎面礼服的褶边上绣着闪闪发光的图案，仿佛浪花。

肯尼迪夫人的继任者伯德·约翰逊夫人（Lady Bird Johnson）喜欢真正的希腊设计师乔治·斯塔夫罗普洛斯（George Stavropoulos）设计的礼服。斯塔夫罗普洛斯与一名在美国驻雅典大使馆工作的美国人结婚后，于 1961 年移居纽约。当许多美国设计师还在向巴黎寻求指导时，斯塔夫罗普洛斯的透明垂坠晚装已经闻名遐迩了，这种晚装能让人联想到其祖国的古典雕像。他独特的“女神礼服”是仿照托加长袍设计的，没有腰带也没有接缝，半透明雪纺、欧根纱和丝质绉纱制成的层叠饰片从一侧肩膀或双肩垂下。它们性感但不低俗，是卡夫坦长衫、达西奇花哨宽袍和其他在 20 世纪 60 年代反主流文化中流行的无结构民族时装的优雅迭代。值得一提的是，约翰逊夫人在访问曼谷时选择了两件他设计的礼服，其与诗丽吉王后（Queen Sirikit）所穿的泰国宫廷礼服非常协调。斯塔夫罗普洛斯的忠实顾客——包括伊丽莎白·泰勒（Elizabeth Taylor）、玛丽亚·卡拉斯（Maria Callas）和约翰逊夫人——为他昂贵的价格辩护，坚称他的服装灵感来自古代，从未过时。

詹姆斯·加拉诺斯（James Galanos）出生于费城的希腊移民家庭，他在女神的装扮上另辟蹊径。他的 1970 年春季系列以大胆的彩色印花为特色，印花图案包括纺织设计师齐姆·卢克萨斯（Tziams Luksus）的作品，其中有女像柱、科林斯柱、半人马、仙女、半羊人、战士、狮子和希腊字母。他将这些轻薄飘逸的材料用在中长裙和及地长裙上，而非托加长袍和希顿上，以彰显超大的图案；在这个系列中没有一条短裙。
《费城问讯报》(*The Philadelphia Inquirer*) 在 1970 年 3 月 38
对加拉诺斯和斯塔夫罗普洛斯时装系列的评论中打趣道:“如果你觉得现在的时装充满了希腊风情，那么你就知道这是一种潮流了。”加拉诺斯的模特娜塔莉·蒂雷尔 (Natalie Tirrell) 解释说:“古希腊人创造了一种美丽和比例的理想，我认为没有人能超越它，我经常能感觉到那种比例和那种美，尤其是在将裙子挂起来的时候。这几乎是一种永恒的感觉。”[14]

复古福图尼礼服在 20 世纪 60 年代末和 70 年代特别受欢迎，这并非巧合；它们与霍尔斯顿、卡尔文·克莱因 (Calvin Klein) 和斯蒂芬·伯罗斯 (Stephen Burrows) 的时尚、注重身材的极简主义相合。[1967 年在洛杉矶郡立艺术博物馆 (Los Angeles County Museum of Art) 举办的回顾展无疑也推动了福图尼风格的复兴。] 在 1968 年的《妙女郎》(*Funny Girl*) 影片中，服装设计师艾琳·莎拉夫 (Irene Sharaff) 为芭芭拉·史翠珊 (Barbra Streisand) 设计了一件复古福图尼礼服，该片故事背景设定在第一次世界大战之前。史翠珊在她 2010 年出版的《我对设计的热情》(*My Passion for Design*) 一书中写道:“我觉得福图尼的裙子很漂亮，它非常简单——用一根细丝线绑在肩膀上，但加上那无穷小的褶皱，又非常复杂……从来没人知道他是怎么做出那些细小褶皱的。在某种程度上，这有点像蒂凡尼玻璃。你无法完全复制它，尽管很多人都尝试过。”事实上，史翠珊说服沙拉夫又做了一件粉色的复制品，供她在《妙女郎》拍摄期间举办的名为“中央公园发生的事”（A Happening in Central Park）的演唱会上穿着。

霍尔斯顿用裸露的肩部、低胸的领口和露出双腿的高开衩等设计将古典主义性感化。他把这些设计用在贴身羊绒衫、丝绸衫以及透明的丝绸雪纺时装上。模特劳伦·赫顿（Lauren
39 Hutton）穿着他的礼服出席了 1975 年的奥斯卡颁奖典礼，只搭配了一条简单的金腰带，没有佩戴珠宝，也没有穿内衣。它是由矩形的雪纺拼接而成的柔和彩虹色礼服，看起来是自然垂坠并用腰带绑起来的，而不是缝起来的。正如福图尼的工匠手工制作的绳子和珠子衬托了德尔斐长裙，艾尔莎·柏瑞蒂（Elsa Peretti）雕塑般的金属腰带也烘托了霍尔斯顿看似简单的礼服。

20 世纪 80 年代，玛丽·麦克法登（Mary McFadden）和罗伯托·卡普奇（Roberto Capucci）都尝试过采用福图尼式的褶皱，但卡普奇的建筑风格服装扭曲了身体，而不是解放了身体，而麦克法登欣然采纳了古典美学。这位前时尚编辑和公关人士在 1975 年创立了自己的同名品牌。麦克法登在她 2012 年的回忆录中写道，她借鉴福图尼的设计，制作了自己的合成面料，将之称作“海洋”（marii），面料在澳大利亚制造，在日本手工染色，然后在美国的机器上打褶——所有这些都是为了让面料“像液体黄金一样落在身上，呈现出宛若中国丝绸的感觉”。设计师对“古色古香”的细节着迷，比如月桂叶、花环、马卡梅绳子、头巾、披肩和编织腰带。她让模特们在纽约公共图书馆（New York Public Library）的山墙下拍照，就像希腊的女像柱一样。1983 年的《时尚》杂志上刊登了模特伊曼（Iman）身穿麦克法登设计服装的照片，其旁边是一尊大理石半身像，雕像放在有凹槽饰纹的白色柱子上，旁边是一个巨大的白色石膏双柄罐。但麦克法登的特色褶皱看起来比福图尼的更皱、更硬、更有光泽，就像皱纹纸（crêpe paper），她的礼服经常有现代元素，比如蓬松的袖子、自然的腰线、卷心菜状的褶边和玫瑰结、密集串珠和亮片刺绣带，以及其他装饰性花 40
边。因此，人们一眼就能认出它们来自 20 世纪 80 年代，而不是福图尼那个年代，更不是古典时代。

实验性设计师三宅一生在 1989 年的春夏系列中首次展示了精致的褶皱服装，他经常被拿来与福图尼做比较。不过，福图尼使用的是经过专利工艺打褶处理的日本丝绸，而三宅使用的是聚酯纤维，聚酯纤维的热塑性使它即使在洗涤后也能保持褶皱。而且，与福图尼不同的是，三宅制作超大号服装，然后将之打褶，而不是用预先打褶的面料制作服装，他把这个过程称为“服装打褶”（garment pleating）。这不仅是一个技术上的应用，也是一个哲学上的选择。对于三宅来说，褶皱赋予相同的、批量生产的服装以个性，使它们能够根据穿着者的身体自行塑形。1993 年，他推出了自己的“一生褶”（Pleats Please）系列，探索褶皱服装的可能性，通常使用褶皱来增加体积，而不是减少体积。这位设计师说：“西方服装的剪裁和造型都是以身体为出发点的。日本服装则从面料开始。”三宅对两者的交集很感兴趣，这种跨文化的视角，也许是他的工作中最像福图尼的方面。同时，他对为现代生活设计制作多功能、舒适、易于存放的服装也饶有兴趣。

1996 年，三宅推出了“客席艺术家系列”（Pleats Please Guest Artist），邀请当代艺术家制作限量版系列。日本多媒体艺术家森村泰昌（Yasumasa Morimura）创作了一种三件套连衣裙，结合了让－奥古斯特－多米尼克·安格尔（Jean-Auguste-Dominique Ingres）1856 年的新古典主义绘画作品《泉》（*La Source*）中的元素——该作品画的是一个裸体女人从一个陶土双耳瓮里倒水——在画的下半部分叠加了艺术家
41 的倒置半身照片，其头和躯干披着红色的网纱（见彩插图 6）。然后对数字拼贴画进行了处理，以纠正打褶过程中产生的变形。裙子在视觉上是一分为二的，所以看起来穿着者和裸体人物都穿着红色的裙子；安格尔画中人物的身体结构与穿着者的身体结构（乳房、腹部、脚）只有轻微的错位。这种并置颠覆了传统的二元对立——男性与女性、东方与西方、裸体与穿衣——模糊了艺术、艺术家和观众之间的界限。这种古代灵感和现代技术的视觉和隐喻上的分层，对服装的本质提出了质疑。

在福图尼设计出第一款德尔斐长裙大约一个世纪之后，这种经典样式又因为另一个引人注目的开端而重新回到聚光灯下：美国首位黑人总统贝拉克·侯赛因·奥巴马（Barack Hussein

Obama）的就职典礼。在 2009 年的就职舞会上，第一夫人米歇尔·奥巴马（Michelle Obama）选择了一件透视丝绸雪纺白色礼服，上面点缀着立体的、镶有水晶的花朵，该礼服是由当时名不见经传的 26 岁设计师吴季刚（Jason Wu）为她定制的（见彩插图 7）。就像选举权运动利用了白色的象征意义一样，吴季刚想用这种颜色代表希望，因为奥巴马的竞选纲领是“希望与变革”（hope and change）。但白色也让人联想起古希腊和罗马的大理石雕像（进而联想到民主原则），礼服不同寻常的构造也是如此。虽然大多数记者把它描述为“单肩”，但它的领口设计却要复杂得多。一圈布料围在紧身上衣上，它的中心是维奥内风格的扭曲褶饰，然后倾斜在一侧肩膀上，像托加长袍一样不对称。（当时众议院还禁止穿无袖连衣裙，但第一夫人经
常露出她那以健美著称的手臂。）在就职典礼一个月后的纽约时 42
装周上，吴季刚推出了 2009 年秋季系列。他说，这个系列的灵感来自阿瑟·拉克姆（Arthur Rackham）绘制的一本童话故事书。作为 20 世纪早期英国主要的插画家之一，拉克姆深受拉斐尔前派和英国工艺美术运动的影响（这些艺术运动在 19 世纪晚期复兴了新古典主义风格），并被其作品的美丽、简单和活动自如所吸引。周而复始，德尔斐长裙仿佛战车的驾驭者，主导和引领着时尚潮流。

43

2

网球裙

改变游戏规则

The Tennis Skirt: Changing the Game

1919 年，20 岁的法国女子苏珊·朗格伦（Suzanne Lenglen）在温布尔登（Wimbledon）网球锦标赛上首次亮相，她的服装紧身而暴露，令世人震惊：短袖 V 领、长度到小腿的百褶连衣裙。一顶软帽遮住了她的一头短发。由于吊袜带会影响腿部的移动，她没有用吊袜带，而是把白色丝袜拉到了膝盖之上。她没有穿紧身胸衣，甚至没有穿衬裙。尽管媒体称她的着装“不得体”，朗格伦还是赢得了比赛，成为非英语国家获得冠军的第一人。这标志着第一次世界大战期间中断了 4 年的温布尔登网球锦标赛和女子网球迎来了一个振奋人心的新时代。朗格伦称霸国际网坛，直到 1926 年退出业余网球赛事，

1919 年在温布尔登首次亮相的苏珊·朗格伦穿着短袖 V 领、长度到小腿的百褶连衣裙，搭配一顶软帽，还将白色丝袜拉到了膝盖之上。这在当时被认为是紧身而暴露的服装。
Wikimedia Commons

赢得了 5 次温网冠军、2 次法网冠军和 3 枚奥运会奖牌。她的连胜创造了网球历史，同时也改变了时尚历史的进程。

当时，女球员在场上场下通常都穿同样的及踝长裙和高领 44

长袖衬衫，就如同她的上手发球和在两局之间将白兰地一饮而尽的癖好一样，朗格伦的着装具有革命性。在西方历史上，女性的腿部不可以在公开场合展露。从十几岁到二十几岁，朗格伦的无袖连衣裙取代了短袖连衣裙，她头戴一顶亚麻帽子，发间束着一条被大量复制的发带，人们将这种发带称为“朗格伦束发带”。她脚上穿的不是高跟的系带靴，而是一双白色麂皮、橡胶平底的“朗格伦鞋”。这些别致、实用的款式最初是为了在网球场上穿着舒适而选择的，但很快就传播开来，进入了女性的日常衣柜。在她职业生涯的巅峰时期，朗格伦是世界上最著名的女性运动员，是体育版、八卦专栏和时尚杂志的常客。1926 年，当玛丽王后为纪念温布尔登网球锦标赛举办 50 周年向她颁发奖牌时，成为全球时尚风向标的人不是令人尊敬的、身着淡紫色服装的王后，而是朗格伦，这位年轻的运动员身穿白色无袖百褶连衣裙，绿色针织背心和“朗格伦鞋”，短发上戴着标志性的束发带。

女子网球似乎比其他任何运动都更能引发时尚戏剧。部分原因是它悠久的历史，承办温布尔登网球锦标赛的全英草地网球和槌球俱乐部（All England Lawn Tennis and Croquet Club）（简称全英俱乐部）成立于 1868 年。这项运动有着源远流长的传统，而在温布尔登就更是如此。在那里，你总能找到草莓和奶油、没有广告的球场、皇家观众，以及一个没有比
46 赛的中休日。自 1873 年现代网球运动诞生之日起，“绅士”和“女士”一直在草地上比赛。

1926 年，在温布尔登网球锦标赛上，苏珊 · 朗格伦头戴她标志性的束发带，身穿百褶连衣裙，向玛丽王后行屈膝礼。 45
法国国家图书馆（Bibliothèque nationale de France）

这种对传统的尊重也适用于服装。“网球白”的概念可以追溯到维多利亚时代的网球运动。白色被认为可以让球员保持凉爽，掩盖不雅观的汗渍；虽然白衣在洗熨方面有些麻烦，但打网球的休闲精英们不会过分在意。全英俱乐部刚开业时，女性是不允许在那里打球的，俱乐部唯一的着装要求是：“女士在场时，请男士不要穿无袖衫打球。”然而，到了 1884 年，当女性开始参加温布尔登网球锦标赛时，穿什么衣服的问题就有了新的紧迫性。直到今天，温网还是职业巡回赛中着装要求最严格的赛事，甚至要求有些观众也遵守着装规定。1963 年，随着各种传统出现崩坏的迹象，温布尔登网球锦标赛制定了“以白色为主”的着装规定，并在 1995 年将之修改为“几乎完全是白色”。它还规定运动员应该穿着“合适的网球服”——这是一个更加主观且难以应对的规则。

在一项长期与乡间别墅和乡村俱乐部联系在一起的运动中，“合适”这个概念本身就与社会阶层、种族和性别息息相关。（许多这样的俱乐部不仅要求衣服是白色的，还禁止黑人和犹太人加入。）网球并不是一项适合女性参加的男性运动，因此从一开始，“让女性和男性共同参与进来，在同一个赛场上打球，互相击球，这是革命性的”。[1] 自有了“适合女性的网球服”以来，包括紧身胸衣、手套和太阳帽，女性运动员一直在努力
47 表现和得体之间寻求平衡。1903 年出版的网球手册《国内外草地网球》（*Lawn tennis at Home and Abroad*）建议女选手要展现自己最优秀的一面，“因为所有的目光都聚焦在她们身

上。许多旁观者对比赛一无所知，接下来的事情通常是评论球员和她的外表”。网球场也是少数几个单身男女可以在无人陪伴的情况下进行社交活动的场所之一。沃尔特·克劳普顿·温菲尔德少校（Major Walter Clopton Wingfield）为草地网球的现代规则申请了专利，并将网球场作为追求各种浪漫的场所加以推广。漂亮的外表是促成爱情的关键。

然而，随着女子网球服与日常着装的日渐不同，女选手也受到了越来越多的审视。莫德·沃森（Maud Watson）在1884年赢得了第一届女子网球锦标赛冠军，她垂至脚踝的裙子引起人们的注意。1887年的冠军洛蒂·杜德（Lottie Dod）穿的是及膝长裙，因为她只有15岁，但随着年龄的增长，她的裙子也应该越来越长。她在70多岁时回忆道："我认为我们的老式服装并非像现在人们想象的那样是一种障碍，但向后跑去截击高球确实很困难，因为会担心踩到自己的裙子。”[2] 1905年，当美国运动员梅·萨顿（May Sutton）的裙子暴露过多腿部时，她被迫把裙摆放低，才被允许上场；她的短袖上衣也引发了议论。她的妹妹、同为选手的维奥莱特·萨顿（Violet Sutton）抱怨道："我们还能移动真是个奇迹。你想知道我们穿了什么吗？一件长汗衫、一条长内裤、两条衬裙、白色亚麻紧身胸衣、纯棉T恤衫、衬衫、白色长丝袜和一顶软帽。当一场比赛结束时，我们早已大汗淋漓、浑身湿透了。”[3]

随着维多利亚时代文雅的“轻拍球”（pat-ball）被一种更具运动性和活力的运动所取代，网球服的改变显得滞后了， 48

直到 20 世纪 20 年代，竞技女选手仍然穿着紧身胸衣和紧身裙。卫冕世界冠军海伦 · 威尔斯（Helen Wills）在她 1928 年出版的《网球》（*Tennis*）一书中写道：“当人们回忆起几年前长裙长袖的网球服时，可能会奇怪，女性究竟是如何打网球的。一个人穿着长及脚踝的裙子，腰部被紧身衣紧紧裹着，怎么能跑动呢？”她补充说：“理想的长度是在膝盖骨的中心……比这短的裙子……不会给人更多的自由，而且通常也不好看。”1934 年 9 月，《时尚》杂志承认：“如果你想驾驶一辆时髦的维多利亚轿车，拥有 14 英寸的腰围当然没问题，但如果你一心想打破高尔夫球的纪录，或者在自行车上骑行 40 英里，情况就大不相同了。”

朗格伦不受束缚的腰部和短裙标志着女性运动员服装受限制的时代一去不复返了。美国乐手比尔 · 蒂尔登（Bill Tilden）嘲笑朗格伦的标志性风格“介于首席女演员和街头妓女之间”。但《时尚》杂志却称赞它“自由、得体，简洁的线条非常别致”。与朗格伦同时代的美国冠军伊丽莎白 · 瑞安（Elizabeth Ryan）说：“所有女性运动员都应该感谢苏珊把她们从紧身胸衣的‘暴政’中解救出来。”朗格伦在球场外也成为时尚偶像，使运动服装成为街头时尚的选择。网球服开始出现在时尚杂志上，比如《时尚》和《时尚达人杂志》（*Journal des dames et des modes*），上面还出现了大家熟悉的设计师的名字。当朗格伦于 1921 年 8 月访问美国时，《波士顿环球报》（*Boston Globe*）对她的着装和比赛的报道占了同样多的专栏版面：“她

穿着一件简单的亚麻连衣裙，裙长只到膝盖，袖子剪短至肘部 49
以上，头发用红色或橙色的宽绸带扎起来，脚上穿着最轻盈的布凉鞋，即使在击球之前，她也是一个美人。”朗格伦的时尚在美国产生了强大的影响力。她的短款无袖修身连衣裙和单品展现了美国女性被普遍认为的最大优势：纤长的四肢和健美的身材。1923 年 5 月，《时尚》杂志评论道：“毫无疑问，美国女性从来没有像 20 世纪前 25 年中这样如此令人惊奇地活跃过。而且，即使是在危险的自行车时代，她们也从来没有像现在这样为参加喜爱的运动精心打扮过。”

朗格伦的网球服是由让 · 帕图（Jean Patou）制作的，他在第一次世界大战结束后，于 1919 年在巴黎开设了自己的高级定制时装店。1920 年，帕图的妹妹，也是他设计灵感的源泉，玛德琳（Madeleine）嫁给了法国网球国家队队员雷蒙德 · 巴巴斯（Raymond Barbas）。巴巴斯把这位初出茅庐的时装设计师介绍给了朗格伦，当时朗格伦刚刚在温布尔登网球锦标赛上首次亮相。虽然朗格伦的牙齿不齐，鼻子像鹰钩，算不上漂亮，但她拥有与生俱来的风度和自信。无论在球场内外，她都成为帕图最好的模特和广告，激励了一代法国女性开始打网球，或者至少穿得像刚打过网球一样。在认识到时尚与体育之间的共生关系方面，帕图和朗格伦都领先了他们的时代几十年，而且两人都有操纵媒体的天赋。1924 年 11 月，帕图刊登广告邀请美国时装模特到巴黎为他工作，这在大西洋两岸都引起了轰动，因为他的美国客户想要一睹他设计的衣服穿在长腿的美国

模特身上的风采。他利用《美国偶像》（*American Idol*）[*]式的
50 评选过程，进行了长达数月的免费宣传。

早前，运动休闲服被认为是英国的特产。英国乡村的户外生活围绕着骑马和射击展开，并且进行这两项运动时还要穿上定制的花呢衣服。但第一次世界大战迫使许多法国女性过上更加积极的生活。她们开始驾车，还需要衣柜里的衣服不断变化。但这些衣服必须与时尚同步，男式粗花呢不需要了。20世纪20年代，随着越来越多的女性（和男性）开始进行高尔夫球、网球、滑雪和滑冰等休闲活动，运动服装和“运动休闲服”（sportswear）之间的界限开始模糊起来。“运动休闲服”是19世纪末发明的一个术语，但越来越多地用于指柔软的运动休闲服，而不是运动装备。健美的体格和古铜色的肌肤曾经是农村劳动者的标志，这时则意味着有时间和金钱去里维埃拉（Riviera）[**]和阿尔卑斯（Alpine）滑雪场的人。《时尚》杂志在1926年5月号上特别提到了“晒伤色”长筒袜的流行趋势。随着朗格伦这样的法国职业运动员在世界舞台上取得成功，为了吸引这些富有的业余爱好者，运动休闲服市场也扩大了。

帕图曾为朗格伦的美国竞争对手海伦·威尔斯设计过服装，而除了帕图外，还有多位巴黎时装设计师瞄准了这个有利可图的新受众群体。可可·香奈儿和玛德琳·维奥内都开设了专门

---

* 《美国偶像》是美国福克斯公司在英国系列电视节目《流行偶像》（*PopIdol*）的基础上改编推出的真人秀电视节目。

** 海滨度假胜地（尤指法国的地中海海滨）。

的运动休闲服饰部门，甚至像浪凡和帕奎因（Paquin）这样比较保守的品牌也开始在每个系列中加入了一些运动休闲服“模特”。1922 年，《时尚》杂志指出：“几年前，运动休闲服被法国时装设计师所忽视。现在几乎每个牌子的服装系列中都有运动休闲服。”香奈儿为谢尔盖 · 迪亚吉列夫（Serge Diaghilev）在 1924 年以运动为主题的芭蕾舞剧《蓝色列车》（*Le Train Bleu*）设计了服装，该剧以法国蔚蓝海岸（French Riviera） 51
为背景，以她的精品店出售的游泳、高尔夫和网球套装为特色。1927 年，爱马仕发明了一种绣有球拍的网球外衣。朗格伦退役后，于 1930 年成为伊冯 · 梅（Yvonne May）时装公司的“体育总监”；1933 年，法国男子冠军勒内 · 勒克罗克（René “Le Croc” Lacoste）利用自己在球场上的成功经验，投身于时尚事业，品牌时至今日仍在蓬勃发展；弗雷德 · 佩里（Fred Perry）、泰德 · 廷林（Ted Tinling）和爱丽丝 · 马布尔（Alice Marble）也纷纷效仿，推出了自己的时装系列。与此同时，杜塞（Doucet）、谢瑞特（Chéruit）和普瓦雷等高级定制界的老前辈眼睁睁地看着自己的生意一落千丈，因为他们奢华、装饰性强的礼服与它们长期依赖的娇气的情妇群体一起过时了。正如时装设计师露易丝 · 布朗热（Louise Boulanger）向时尚编辑卡梅尔 · 斯诺抱怨的那样，“网球兴起的那一天，交际花就过时了，时尚也随之而去”。

帕图制作过各种各样的礼服，但他最出名的作品是运动休闲服：简单的廓形，实用的面料，加上类似男装的细节，就像香奈儿一样，但却专为休闲运动而设计。[如果他不是在1936年英年早逝的话，他的名字可能会像今天的香奈儿一样尽人皆知。在安妮塔·路斯（Anita Loos）看来，“帕图让香奈儿看上去像个女帽设计师”。] 和福图尼一样，帕图将褶皱与丝绸、羊毛针织布和经编针织布等柔软、有弹性的面料搭配使用，以方便穿着者活动，同时保持纤细、简洁的线条感。他设计的服装极为简洁，只有加上受立体主义、装饰艺术和民间服装启发的几何图案和刺绣才让人眼前一亮。（他的晚礼服同样简洁，但面料和装饰更加丰富。）他设计的以男装为灵感的针织开衫——长袖、短袖或无袖的——深受观众和女性运动员的喜爱。帕图特有的现代性从他的服装延伸到他的工作室，其工作室配有电梯
52 和照明的摄影舞台。

尽管白色仍然是比赛服装的标配，但朗格伦推广了玫瑰色和绿色相间的帕图连衣裙，再搭配上短上衣、毛衣、钟形帽和发带。1923年5月，《时尚》杂志宣称，这些运动休闲套装“既时髦又方便，简直就是奇迹。如果她愿意，她可以一整天都穿着它们，从早餐到打高尔夫球，从打高尔夫球到午餐，从午餐到打网球，再到喝下午茶，除了鞋子，什么都不用换”。

1924年，帕图在海滨度假小镇多维尔（Deauville）* 开了一家专门出售泳衣和运动休闲服的商店。几个月后，他在法国里维埃拉开了第二家店。[1927年，他推出了第一款防晒

---

* 法国北部海滨城市，以诺曼底最优美的海岸闻名。

霜——慧乐德（Huile de Chaldée）]。1925 年，在他妹夫的建议下，他在巴黎的店铺旁边开了一家名为“运动之角”（Le Coin des Sports）的精品店，专门经营网球、高尔夫、骑马、钓鱼和游泳的服装及设备，这些都陈列在装饰得体的房间里。朗格伦成了现在所谓的品牌大使；她可能是第一个与时装设计师合作的运动员，但绝不是最后一个。《环球服务报》（*Universal Service*）的蒙特·卡洛（Monte Carlo）记者称她为“户外模特”，并解释道：“运动服……已经演变得像午后礼服和晚礼服一样精致，迫使运动爱好者投入相当多的金钱……以准备打网球。每场比赛一般都穿不同的毛衣和戴不同的围巾，淡绿色和米色是主要的色调，因为朗格伦小姐喜欢这两种颜色。”

体育记者用大量篇幅报道这位“法国网球母老虎”（Tennis Tigress of France）和她的衣柜。1926 年 6 月，朗 53
格伦在布洛涅森林（Bois de Boulogne）赛马俱乐部的红土场上对阵加州人玛丽·布朗（Mary Browne），《芝加哥论坛报》（*The Chicago Tribune*）欧洲版和《纽约每日新闻》（*Daily News*）报道说：“朗格伦小姐在比赛全过程中始终戴着一条亮橙色的束发带，穿着一件浅橙色的丝质毛衣。这位法国网球皇后的妆容是最新的巴黎女性妆容，深红色的嘴唇，眼睛上涂着睫毛膏，这使她与苍白的玛丽·布朗形成了鲜明的对比，玛丽·布朗穿着最简单的白色服装，裸露双臂，素面朝天。”朗格伦赢得了这场比赛，“绸裙飞扬”。

时尚媒体以同样的热情报道了朗格伦。1926 年 5 月，《时尚》杂志中的“网球时尚指南”专栏指出，朗格伦更喜欢穿“由让·帕图设计的一件白色无袖双绉连衣裙，当比赛结束时，她在连衣裙外套了一件绿色的开衫”。1926 年 8 月，朗格伦穿着帕图的白色褶皱丝绸网球裙（搭配两件分层开衫和她标志性的束发带）在法国版《时尚》杂志上亮相。该杂志下一页展示的是采用类似刀褶设计的晚礼服。几个月后，朗格伦再次登上了美国版的《时尚》杂志，文章标题是《苏珊·朗格伦展示如何穿搭网球服》（Suzanne Lenglen Shows How to Dress for Tennis）。文章赞许地指出:“她穿的让·帕图设计的运动休闲服在场上和赛后都很得体、时髦。”确实，所有的衣服都是由帕图设计的，“帕图的运动休闲服非常别致，在聪明的女性中很受欢迎”。几个月后，朗格伦在《时装摄影杂志》（*Les modes*）上为帕图的海军蓝天鹅绒外套做模特，外套上饰有蓝色狐毛，它和网球服唯一的共同点是长度均较短，以展示朗格伦著名的美腿。

54 朗格伦和她小巧的臀部以及帕图设计的短裙使中性的、运动风格的“假小子”（garçonne）——法语中的“随意女郎”*——成为时尚理想。这些服装构造简单，由管状和立方体组成，便于家庭裁缝复制，使运动休闲服在高级定制服装买家之

---

* 随意女郎（flapper）形象作为一种新的美丽理想，出现在 100 年前的法国。1910 年至 1930 年，女性摆脱了过去的束缚，欲望正常化，身体解放。这种女郎大多是十几岁的年轻女子，她们留短发，像男人一样抽烟、喝酒、工作，并敢于自我表达。她们经常化浓妆，穿轻便的无袖连衣裙、短裙，戴钟形帽，穿膝下透明丝袜，也会穿灯笼裤这类运动装。从 1920 年开始，随意女郎的风格逐渐变得大众化，并在媒体上开始大量出现，她们拥抱着现代化并享受着现代化带给她们的灵活和便利。

外的更广泛的市场上也能买到。（事实上，长期以来，人们诟病“随意女郎”时尚的一个主要原因是，它模糊了富人和穷人的界限。）朗格伦的简约裙摆和平底鞋让脚踝成为新的性感地带，为了使粗壮的脚踝“变得纤细”而设计的鞋子广告开始出现在时尚杂志上。1917 年，《时尚》杂志预测，法国戴钻石脚链的新时尚“将成为所有拥有纤细脚踝的幸运人士的愿望”。但就在几年后，该杂志哀叹说，黑丝袜不再流行，因为它们与黑鞋搭配，可以“减轻”粗脚踝的“印象”。还有人指责朗格伦鼓励女性通过锻炼来毁掉身材。1925 年，伦敦一年一度的“优雅脚踝”（dainty ankle）比赛被取消，美联社（Associated Press）在一篇广为流传的报道中指出，因为“网球和其他运动……已经使优雅脚踝不复存在，至今还没有显示出任何恢复的迹象”。

朗格伦退役后，网球服又开始与街头服装脱节。时髦的裙摆降至小腿中部，而网球裙则变得越来越短。斜裁的长裙、灯笼袖和印花在球场上没有立足之处，但女性运动员继续引领时尚潮流，对日常着装产生了深远影响。1931 年 6 月 23 日，琼·莱西特（Joan Lycett）在温布尔登球场上没有穿白色或裸色的丝袜，而是裸腿迎战对手。但与她的对手相比，这
种越界行为微不足道。西班牙选手莉莉·阿尔瓦雷斯（Lilí 55
Álvarez）——“不仅因为她的球技，而且因为她在球场上非常时髦的外表而闻名”（《时尚》杂志报道）——穿着艾尔莎·夏

帕瑞丽（Elsa Schiaparelli）* 设计的“裙裤”，这件衣服她已经在法国网球公开赛上实地试穿了。虽然她的膝盖被遮住，小腿被长筒袜包裹着，但从严格意义上讲，阿尔瓦雷斯是第一个穿着短裤参加锦标赛的女性。《纽约时报》啧啧称奇：“当这位美丽的西班牙球员蹦蹦跳跳时，老太太倒吸了一口冷气，老先生咯咯笑了起来。”虽然这种装扮并未在网坛上流行起来，但类似的裙裤很快就成为 20 世纪 30 年代的时尚主流。

没过多久，真正的短裤就出现在了球场上。1926 年 3 月，《巴黎时报》（*The Paris Times*）刊登了一篇关于网球时尚的文章，其中有一张照片是“一种被称为‘短裤’的东西，其外面有一条小裙子作为遮盖”。（“短裤”和遮盖裙都是及膝长度。）但直到若干年之后，职业球员才开始采用短裤。在 1932 年美国国家锦标赛和次年的温布尔登网球锦标赛上，英国选手亨利·“兔子”·奥斯汀（Henry“Bunny”Austin）** 是第一个在球场上穿短裤的男球员。许多年过去了，1997 年，奥斯汀在接受《波士顿环球报》采访时表示：“我原以为会引起骚动，结

---

* 出生于意大利名门，曾是可可·香奈儿的强劲对手。一贯主张新奇、刺激，其时装用色强烈、装饰奇特。夏帕瑞丽的香水因其奇妙的香水瓶与包装设计而享誉国际。

** 英国网球明星，全名亨利·威尔弗雷德·奥斯汀，因与当时英国《每日镜报》热门连载漫画中的主角兔子威尔弗雷德同名，而被球迷亲切地称为“兔子”（Bunny）。奥斯汀 6 岁开始学球，青少年时期就多次夺得全英冠军。1926 年，尚在剑桥大学修读历史的他闯入温网男双四强，被英国球迷寄予厚望。但他却是一个两度接近大满贯单打冠军却从未在冠军圈中将奖杯举过头顶的运动员，一个零满贯巨星。

果并没有。我不知道为什么我们要忍受这么长时间的法兰绒长裤。”不久之后，当女选手开始穿短裤时，不难想象，她们引起了很大的骚动。1938 年，圣奥尔本斯（St. Albans）教区神父克莱门特 · 帕森斯（Clement Parsons）向《每日镜报》（*Daily Mirror*）抱怨说，温网女球员穿的短裤“违背了基督教道德的一般标准”，助长了“年轻男子的淫欲”。出生在加州的网球运动员爱丽丝 · 马布尔（Alice Marble）以穿特别短的“美式”短裤而著称，她认为神父的反对“非常可笑……我过去 56
常穿裙子，可是风一吹，会怎样呢？”另一位改穿短裤的美国人海伦 · 赫尔 · 雅各布斯（Helen Hull Jacobs）在 1936 年对《纽约时报》说：短裤“提高了我的比赛水平，所有女孩都这么说。我曾经因为球拍缠到裙子里而丢了很多分”。1948 年 7 月，《假日杂志》（*Holiday Magazine*）宣称“唯一的争议是短裤与网球裙的博弈”——这场争论在乡村俱乐部、公共球场和职业巡回赛上都很激烈。

然而，事实证明，短裤在女子网球运动中只是昙花一现；或许，它们的舒适程度尚不足以平息它们所引发的争议。20 世纪 30~50 年代是“魅力网球女孩”（Glamour Girl of Tennis）的时代，《镜报》（*The Mirror*）这样称呼她们：高挑、腿长的网球运动员，拥有电影明星般的美貌和与之相配的行头。马布尔和雅各布都引领了帽子、晚礼服和运动休闲服的潮流。美国人格特鲁德 · 古西 · 莫兰（Gertrude“Gorgeous Gussie”Moran）还为《美国草地网球》（*American Lawn*

Tennis）杂志撰写了一个时尚专栏“球衣和网球”（Togs & Tennis）。1936 年，在萨里硬地网球锦标赛（Surrey Hard Court Championships）上，英国运动员凯·斯坦默斯（Kay Stammers）——据说她拒绝了好莱坞工作室提供的一份合同——穿着一件豹皮大衣出现在赛场上。莫兰也不甘示弱，开始在白色短裙下穿豹纹和荷叶边内裤，这比短裤更令人反感。

1988 年，网球运动员出身并为莫兰设计服装的网球时
装设计师泰德·廷林（Ted Tinling）在接受《奥兰多哨兵报》
（*Orlando Sentinel*）采访时表示：“在那个年代，没有人知道
她们内里穿了什么。也没有人探究她们内里穿了什么。”（而由
于莫兰缩短的裙摆，人们也不必去探究了）。1949 年，莫兰在
温布尔登球场上穿着白色花边内裤，赛事组织者指责她“将粗
57 俗和罪恶带入网球运动”。（而其他人的态度比较宽容：一匹赛
马、一架飞机和一家餐厅的特制酱汁都是以她的名字命名的。）
廷林作为温网的官方嘉宾已经有 23 年的历史了，但被禁止参加
这项赛事长达几十年。虽然裙子越来越短，但内裤仍然是有争
议的。2014 年，当塔蒂亚娜·戈洛文（Tatiana Golovin）和
58 塞雷娜·威廉姆斯（Serena Williams）在白色裙子里面穿了彩
色短裤之后，温布尔登网球锦标赛将其全白着装规定扩大到包
括配饰。

20 世纪 60 年代末，当法国的弗朗索瓦斯·杜尔（Françoise Dürr）开始获得大满贯时，巴黎时装设计师再次开始关注网

格特鲁德 · 古西 · 莫兰的网球裙很短，会露出蕾丝边或豹纹内裤。
Herald Examiner Collection / 洛杉矶公共图书馆

球。皮尔 · 卡丹（Pierre Cardin）、皮尔 · 巴尔曼（Pierre Balmain）和安德烈 · 库雷热（André Courrèges）——他是佩洛塔（pelota）的狂热爱好者，佩洛塔是一种类似于网球的巴斯克运动——开始制作男女网球服。1968 年，网球公开赛时代到来，奖金激增，网球成为一种流行的消遣方式。1971 年 5 月，《时尚》杂志称网球是“20 世纪 70 年代最热门的运动”，并指出美国每年新建 4500 个球场。其中很多都是室内球场，把这个典型的夏季消遣变成了全年的活动。

廷林通过引入色彩、不同寻常的材料、华丽的装饰和迷人的廓形，继续改变着呆板的网球服装世界。他在 1964 年为利娅 · 佩里科利（Lea Pericoli）设计了一条鸵鸟毛迷你裙，让杜尔穿上了温布尔登网球锦标赛历史上的第一件吊带连衣裙。1977 年，他在《纽约时报》上写道：“她穿上那条裙子的那天，我看到委员会包厢里那些难以置信的眼神和推搡。我可以想象，他们觉得这是无上装的先驱，当他们意识到当时对无上装没有规定时，他们的脑海中一定浮现出无上装的幽灵。”

当鲍比 · 里格斯（Bobby Riggs）向比莉 · 简 · 金（Billie Jean King）发起挑战并表示要通过电视直播这场“性别大战”（Battle of the Sexes）* 时，金夫人向廷林寻求一件衣服。当金夫人认为他的最初设计太粗糙之后，廷林换成了一件蓝色和薄荷绿色相间的备用连衣裙，以致敬女子巡回赛的赞助商弗吉尼
59 亚 · 斯利姆斯（Virginia Slims）和金夫人标志性的蓝色绒面阿

---

* 1973 年举行的这场世纪性别对决之前主要的背景是，男女在大满贯等级别赛事中不同的奖金分配，以 1972 年美网为例，女单冠军奖金比男单冠军奖金足足少了 15000 美元。而金夫人和里格斯的这场比赛可以说是实现“男女同酬”的重要一役，最终金夫人在 30492 名现场观众以及 37 个国家的 5000 万名电视观众的见证下，战胜对手，为女性赢得了尊重。

迪达斯网球鞋。在比赛的那天早上，他疯狂地在领口处缝水钻，又担心休斯敦太空巨蛋体育场（Houston Astrodome）的刺眼灯光会在镜头前把金夫人的光芒冲淡。他希望 3 万名观众和 5000 万名电视观众能够关注这场创造历史的比赛。金夫人轻松地直落两盘获胜，证明了女人不仅可以打败男人，而且穿着裙子也能做到。11 岁时，金夫人被排除在青少年锦标赛的合影之外，因为她穿的是自家缝制的短裤而不是裙子——这是她没齿不忘的耻辱。

廷林坦言："我不知道为什么网球服能在男人中引起如此巨大的情绪波动。"[4] 但关于女性时尚和身体的文化争论在网球场上一直不绝于耳，这在妇女解放和中性着装时代，可谓乾坤一掷。1985 年，美国选手安妮 · 怀特（Anne White）请她的赞助商波尼（Pony）设计了一件白色氨纶紧身衣，以使她的双腿在英国寒冷的天气中保持温暖，她不同寻常的着装引来了观众的嘲笑和口哨声。怀特的对手帕姆 · 施莱弗（Pam Shriver）在比赛因天黑而暂停后向官方投诉；她对合众国际社（UPI）的记者说，这是"我在网球场上见过的最奇怪、最愚蠢的打扮"。尽管这种合身的服装符合"以白色为主"的规则，但比赛裁判认为它超出了"合适的网球服"的定义。当第二天比赛继续进行时，怀特的紧身衣出现在所有报纸的封面上，可她却换了一件传统的网球裙。

廷林宣称怀特的紧身衣是女子网球服装"合乎逻辑的下一步"，然而，裤子和短裤又一次未能取代传统的网球裙。2018

60 年，塞雷娜·威廉姆斯在法国网球公开赛上穿了一件以黑豹为灵感的耐克紧身衣，引发了类似的争议。这套运动服促使网球公开赛的规则迅速改变，即禁止在大满贯比赛中穿紧身衣，随后引发了公众的强烈抗议。法国网球联合会（French Tennis Federation）主席伯纳德·朱迪切利（Bernard Giudicelli）在接受《网球》杂志采访时表示，“任何人都必须尊重比赛和场地”，这一声明被许多人解读为种族主义和性别歧视。威廉姆斯最近刚生下女儿亚历克西斯（Alexis），这套时髦的紧身衣是为了防止妊娠后出现血栓；威廉姆斯说，这套衣服让她觉得自己像个超级英雄。金夫人本人也参与进来，她在推特上写道：“必须结束对女性身体的监管。”正如金夫人敏锐地察觉到的那样，这项禁令针对的不仅是威廉姆斯的着装，也针对紧身套装暴露出的其身体的性特征。作为回应，女子网球协会（Women's Tennis Association）修改了其着装规定，明确允许选手在2019赛季穿打底裤和没有裙子的紧身短裤；然而，女子网球协会并不管理大满贯赛事。

几个月后，在美国网球公开赛上，威廉姆斯明确表示，她不会让赛事组织者决定她在球场上的着装。长期以来，威廉姆斯和她的姐姐维纳斯就喜欢穿突破界限、引领潮流的网球服。她没有选择裤装，而是选择了淡紫色和黑色的芭蕾舞裙，这是由本白（Off-White）创始人、已故的维吉尔·阿布洛（Virgil Abloh）与耐克合作定制的（见彩插图8）。这款裙子看起来单肩裸露，但实际上裸露的肩膀处覆盖着裸色面料，以防止在比赛时裙子滑落。威廉姆斯搭配了紧身衣和闪闪发光的银色“伟大系列”（Nike Court Flare）耐克运动鞋。她选择黑人设计师
阿布洛，无疑是经过深思熟虑的。当她第二年再次参加法网公 61
开赛时，她穿了另一件阿布洛设计的露脐上衣和裙子，上面用法语和英语分别印着母亲、女神、女王和冠军的字样，证明她不一定非要穿裤子才能彰显个性。

关于女子网球服的争论之所以重要，部分原因在于无论是在价值观方面还是在穿着方面，它都是更广泛的场外趋势的可靠指标。运动员的服装往往是时尚的先锋，它采用了高科技的材料和符合空气动力学原理的廓形，之后又被应用到日常服装之中。网球服因人而异，每场比赛都有变化，比棒球或足球队队服更有可能引领潮流。100 年前，网球给我们带来了更短的裙子、更矮的鞋跟和更短的发型，以及更宽松的内衣。如今，它又引领了新潮流，推出了紧身衣、独角兽发型和由回收海洋塑料制成的运动服，比如斯特拉·麦卡特尼（Stella McCartney）在 2019 年为温网设计的服装。

那么，也许问题的关键不在于为什么网球运动员仍然穿裙子，而在于为什么其他优秀的女性运动员不穿裙子。2021 年，维纳斯·威廉姆斯（Venus Williams）在接受《华尔街日报》（*The Wall Street Journal*）采访时表示：“穿裙子比赛可以使活动更加自如。当你准备猛扑回球或冲刺上网时，你的服装要随着你的移动而移动，让你可以旋转、跳跃或伸展，这一点至关重要。”曾经，从槌球和高尔夫球等高雅的消遣性运

动到棒球、篮球和拳击等更有活力的运动，裙子是开展各种体
力活动的常态着装。如今，只有网球运动员、花样滑冰运动员
和曲棍球运动员经常在比赛中穿裙子。事实上，彪马（Puma）
曾在 2009 年广遭诟病和耻笑，因为它在女子职业足球联盟
（Women’s Professional Soccer League，成立不久即解
散）的球衣“时装秀”中加入了紧身短裙。尽管这种裙子不是
62 为了在赛场上穿的，但却被嘲笑为错误做法，大有试图将这项
运动和运动员女性化之嫌，这不禁让人想起二战时期为全美女
子职业棒球联盟（All-American Girls Professional Baseball
League）设计的色彩柔和的裙子。它们犹如大海沉石，再也没
有出现过。

然而，除了裙子，女子网球、滑冰和曲棍球也有悠久的历史。如同网球锦标赛，国际花样滑冰比赛始于 19 世纪晚期，而且通常是男女同台竞技。1908 年，花样滑冰首次出现在奥运会上，男女同台竞技。曲棍球则有更古老的渊源，现代曲棍球规则编纂于 19 世纪 80 年代，第一批女子俱乐部也差不多在同一时期成立。值得注意的是，这三种运动都是在户外进行的，所以女运动员不可以穿灯笼裤或运动衣，因为这类服装是当时妇女在体育馆内进行运动的选择。高度关注参赛服装的着装要求提醒着我们：在那个时代，女性不仅与男性一起参与游戏，而且还改变了游戏规则。

3 63

小黑裙

穿制服的女人

The Little Black Dress: Women in Uniform

《时尚》杂志称“小黑裙”（little black dress）为“连衣裙中的福特”。就像该杂志在 1926 年 10 月号中介绍的那样，可可 · 香奈儿的小黑裙像福特 T 型车一样，可靠、（相对来说）实惠、无处不在。

然而，最重要的是，这种比较令人联想到它的颜色。在 1922 年的自传中，亨利 · 福特（Henry Ford）回忆说，他曾对自己的管理团队说过：“任何顾客都可以把汽车漆成他想要的任何颜色，只要它是黑色的。”虽然第一批 T 型车有几种颜色，但从 1914 年到 1925 年，福特只生产黑色——他更喜欢黑色，因为黑色油漆的成本低、耐用性好、干燥时间快。小黑裙和 T

型车都是现代的象征，引领了一种既简约又快速的新生活方式。香奈儿小黑裙的型号被称为 817 型。它是用纯黑色绉纱制成的，只在袖口处有一个低调的白色“之”字形装饰；一串由小针纹褶皱组成的 X 形装饰为单一的色调增添了活力，为方方正正的
65 衣服加上了一个沙漏形的轮廓。它的低腰设计和短裙（即及膝裙），修饰了身材，而不是塑形，突出了中性、苗条的身材，这是咆哮的 20 年代（Roaring Twenties）[*]的时尚理想。不过，在露腿的同时，香奈儿也用细长的袖子遮住手臂，以避免过度暴露，从而“颠覆了两个世纪以来的潮流”。[1] 它唯一的装饰品是一串珍珠，在黑色布料的衬托下显得格外醒目。一件类似的黑色绉纱款式出现在《时尚》杂志的下一期中。该杂志指出：“很少有连衣裙能像这件这样突然间大受欢迎。”

《时尚》杂志曾预测小黑裙或将成为统一服装，是“全世界都会穿的连衣裙”，这是准确的。在那个大多数男人——从银行家到棒球裁判——每天都穿三件套西装的时代，小黑裙为女性提供了与之对应的套装选择，它简单、实用、多功能并符合着装要求。它既严肃又休闲，适合女性日益活跃和开放的生活方式。它拥有香奈儿网球服的所有舒适和现代化特质（见第 2 章），但没有人会把它误认为运动休闲服，这种颜色表明它是认

---

* 指 20 世纪 20~30 年代。也有人称之为“历史上最为多彩的年代”，它所涵盖的激动人心的事件数不胜数：美国士兵自欧战前线上归国拉开了这一时代的序幕，随后是以爵士乐为代表的新艺术的诞生、崭新而自信的现代女性面孔的出现等。10 年间，无数具有深远影响的发明创造、前所未有的工业化浪潮、民众旺盛的消费需求与消费欲望，以及生活方式翻天覆地的改变，令人难以忘怀。

64

香奈儿的“福特”——如 1926 年 10 月号的《时尚》杂志上的插图所示——是黑色的，但不是基本款，袖口有精致的针褶和白色的“之”字形细节。
Bocher/CondéNast/Shutterstock.com

真严肃的。至于晚礼服，有雪纺、蕾丝或亮片的无袖款式。香奈儿“以她的黑色雪纺而闻名”。《时尚》杂志评论说，“看似没什么，却堪称杰作”。[2]

香奈儿不是第一个想到制作小黑裙的设计师，玛德琳·维奥内和梅森·普雷梅（Maison Premet）在 20 世纪 20 年代早期也设计过类似的款式。然而，在 1926 年，小黑裙仍然是引人注目的新奇事物。今天，黑色可与所有酷炫别致的东西联系在一起。克里斯汀·迪奥在他 1954 年的《时尚小词典》（*Little Dictionary of Fashion*）中宣称：“黑色是所有颜色中最
66 显瘦的，这个颜色真是太好了。你在任何时候都可以穿黑色衣服。任何年龄的人在任何场合几乎都可以穿黑色衣服。我可以写一本关于黑色的书。”一时间，黑色成为受人喜爱的时尚主打色，以至于主流趋势被戏称为“新黑色”。它同时是文化和反主流文化的象征：艺术家、垮掉派（Beatniks）*、朋克（Punks）、哥特派（Goths）、嬉皮士（Hipsters）和地狱天使（Hells Angels）**。它究竟表示体面还是叛逆，要取决于具体的情境，它可以从葬礼穿到鸡尾酒会。无论是初入社交界的少女，还是新娘，抑或是孩童，穿上黑色连衣裙都具有一定的震撼力。在 1926 年，小黑裙也拥有同样的影响力。

也许很难相信，黑色并非一直流行，若想找到与香奈儿开

---

* 20 世纪中叶摈弃传统生活与衣着的年轻人。

** 北美规模最大的摩托党团体，最早成立于美国加州，目前踪迹已经遍布 22 个国家。

创的时尚潮流相媲美的时刻，必须回溯到几个世纪之前。黑色在 16 世纪中叶成为一种流行色。文艺复兴时期，黑色象征了最高程度的优雅和奢华。高品质、不褪色的黑色染料价格昂贵，西班牙和荷兰的王子（和巨商豪富）以及他们的妻子都穿黑色衣服来炫耀他们的财富。但随着这些帝国的衰落，以及法国（拥有绚丽的花丝绸）和英国（拥有饱和度高的染色羊毛）在政治、军事和王朝权力上的崛起，黑色逐渐淡出时尚舞台。越来越多的人用它来服丧——这本身就是时尚行业中利润丰厚的一个分支。服丧和着装同样是一种礼仪问题，不同的家庭成员有特定的服丧形式和服丧期，整个国家都为王室成员服丧。遵循错综复杂的服丧仪式，可以彰显一个人的正直品德和时尚气质。对于那些“正在服丧”的人——如修女、僧侣、牧师和清教徒——哑光黑色象征着克己、避世和社会隐身。尽管小黑裙后来成为性感的代名词，但寡妇的黑色丧服传递的信息是，一 67
个女人有性经验，但已经没有性生活。

虽然黑色在 18 世纪晚期悄然回到了男性的日常衣柜中，但女性却花了更长的时间才重新把黑色作为一种时尚着装颜色。维多利亚女王（Queen Victoria）对 1861 年去世的阿尔伯特亲王（Prince Albert）长达数十年的哀悼，巩固了黑色与哀悼的关联。1863 年发明的廉价黑色化学染料，使人们相对能够承受原本繁复而漫长的悼念活动并履行社会义务——至少对女性来说如此。男性可以臂戴黑纱，不必严格地从头到脚全穿黑色。女性马术运动员穿黑色服装是出于实用性的考虑，也是为了向男性化的剪裁传统致敬；大胆的时尚女性可能会像约翰·辛格·萨金特（John Singer Sargent）的肖像画《X夫人》（*Madame X*）中的主人公那样在晚上穿黑色衣服（见彩插图9），但她的黑色礼服“千真万确地有伤风化”，且在1884年的巴黎沙龙上引发了一场丑闻。在晚上穿黑色衣服暗示着成熟、有阅历和庄重。对一个年轻女人来说，这是一种宣言，但不一定是值得尊敬的宣言。[“你能对一个在初入社交界舞会上穿黑缎裙子的女孩有什么念想呢？”伊迪丝·华顿（Edith Wharton）的《纯真年代》（*The Age of Innocence*）中的一个角色哀叹埃伦·奥兰斯卡（Ellen Olenska）“古怪”的成长经历时如是问道。] 贫穷的妇女和职业女性也穿黑色连衣裙，黑色裙子是女店员、电话接线员和家仆的非正式工装。1903年，一位英国牧师的12岁女佣伊芙琳·阿斯克威斯（Eveline Askwith）想要受坚信礼*，她的雇主为她买了一件新连衣裙。她回忆道:“当我发现那是条黑色的连衣裙时，我都快哭出来了。”
68 其他女孩都穿白色连衣裙，但是穿黑色连衣裙除了受礼，在干活时也可以派上用场。[3] 黑色的连衣裙搭配白色围裙，即法国女仆经典工作服是这一传统的遗产。

但第一次世界大战造成的不可估量的、前所未有的损失终结了维多利亚时代的奢侈丧葬传统。在物资匮乏的年代，哀

---

* 坚信礼（Confirmation）是一种基督教仪式。根据基督教教义，孩子在一个月时受洗礼，13岁时受坚信礼。孩子只有在被施坚信礼以后，才能成为教会正式教徒，这也标志着孩子的灵性成熟。

悼不仅是一种浪费，也是一种打击士气的行为。时尚策展人莫德·巴斯－克鲁格（Maude Bass Krueger）写道："死亡人数之多……使丧亲之痛的奢华展示显得浮夸而不合时宜。对于这样大规模的社会哀悼，更合适的方式似乎是从简，以免妨碍战争。"[4] 香奈儿自己的情人阿瑟·卡佩尔（Arthur "Boy" Capel）在战争中幸存下来，却在 1919 年死于一场车祸。当香奈儿说"我和那些我为之设计服装的人有着同样的习惯、品味和需求"时，其中也包括了她们的悲伤。正如历史学家露西·惠特莫尔（Lucie Whitmore）所指出的那样，第一次世界大战造成了大量的年轻寡妇，人们不希望她们放弃社会、工作、婚姻——甚至是时尚。[5]

战争还以另一种方式影响了时尚：女性开始习惯穿制服。《时尚》杂志在 1918 年 7 月写道："八个月或十个月前，一位穿制服的女性还是一种新鲜事物，就像所有的先驱一样，她遭到了大量的批评和讽刺。"但是，随着巴黎到处都是穿制服的护士、红十字会和基督教女青年会的志愿者、英国皇家海军女子服务队（British Wrens）* 和陆军女兵，以及美国机动兵团和无线电兵团（American Motor Corps and Radio Corps）的入伍人员，"世界开始意识到，穿着制服的各种女性群体和前线的

* The Women's Royal Naval Service 是英国皇家海军的女子分支。它成立于 1917 年第一次世界大战期间，1919 年解散，然后在 1939 年第二次世界大战开始时恢复，一直非常活跃，直到 1993 年并入皇家海军。简称 WRENS，民间及官方称之为 Wrens，因此有人也译成"鹪鹩"。

男性一样，都在为国家服务，而选择这些服装是因为它们舒适、
69 实用且高效”。像彩色穗带、帽徽和纺锤形纽扣这样的军装饰品也悄悄进入了民间时尚。甚至民间也开始穿戴同样的服饰，该杂志援引了一种熟悉的家庭制服并建议道：“‘战争’年代的连衣裙，就像制服一样，人人都穿。如今要想穿着得体，你就应该穿得像一个整洁的女仆。”[6]

即使在战争结束后，英国版《时尚》杂志也赞许地指出：“没有任何奇妙的装饰能比另一个女人更吸引一个女人的注意。”事实上，她们的外表让人觉得她们几乎穿着一件颜色会变化的制服，这也证明了这代人不会受到轻浮或虚荣的指责。[7] 1924年，该杂志的美国同行回忆道：

> 在战争期间，当一些重要的、穿着讲究的公民第一次穿上制服时，他们发现了一种服装在任何场合都适用的优点。他们中的许多人发现，一旦尝试了穿标准化服装带来的乐趣，便很难再穿回普通的服装了，因为普通的服装需要一天换很多次……因此，在战争结束5年后，我们发现自己越来越想要一种白天穿的连衣裙，它可以从早穿到晚，几乎可以在早上九点到晚上六点之间的任何时间穿着，只需要变换一些配饰即可。这对工作繁忙的女性而言是极大的便利，对收入有限的女性来说则绝对是救命稻草。[8]

70 这篇文章建议读者购买适合白天穿的定制套装，但也承

认高质量裁剪的服装价格昂贵且稀缺。香奈儿的小黑裙为这一长期存在的问题提供了一个实惠的解决方案。时装编辑卡梅尔·斯诺回忆道："每个人都衣着朴素，穷得可怜，所以香奈儿开始制作柔软的针织连衣裙……。当时她还没有把裙子缩短，也没有降低腰线，但我那时就意识到，这才是一种真正的现代女性时尚。"[9]

黑色重新成为时尚色彩的时机已经成熟。保罗·普瓦雷以其戏剧化的东方主义风格礼服而闻名，其礼服具有丰富的色调和面料。他把香奈儿的作品称为"奢华的贫穷"。他的意思并不是恭维。她内敛的色调，以及对开衫和服饰珠宝的喜爱，将工人阶级的衣柜提升到了高级定制的水平；比起装饰性，她更喜欢实用性，这一点在她的男装风格和平针织布及粗花呢等朴素的材料使用上都表现得很明显。香奈儿告诉萨尔瓦多·达利（Salvador Dalí），她"采用了英国男性化的服装"，即纨绔子弟和商人都穿的定制黑色服装，"并将其女性化"。香奈儿认为普瓦雷鲜艳的天鹅绒和织锦是"野蛮的"和"不可思议的"，他为苏丹女眷和女奴设计的只是服装，不是时尚。香奈儿曾说："设计谢赫拉扎德（Schéhérezade）* 的服装很简单，但设计小黑裙却很难。"普瓦雷逃避现实的东方主义幻想风格服饰在战前激发了女性的想象力，但在毁灭性的全球冲突之后，香奈儿的

---

* 《天方夜谭》中的苏丹新娘，以夜复一夜地给苏丹讲饶有趣味的故事而幸免一死。

小黑裙比哈伦裤和蹒跚裙更富有吸引力。据说普瓦雷曾问香奈儿:“小姐，你为谁哀悼呢?”她回答说:“为你。”

香奈儿之所以能够宣称自己普及了小黑裙，是因为她倾向于不脱色的黑色。她的“福特”既没有像普雷梅的学生风格的
71 版本那样有可爱的白色娃娃领（Claudine Collar）*和袖口，也没有像维奥内服装那样有龙的红色轮廓。这也符合她严格的极简主义美学。香奈儿在一所修道院的孤儿院长大，那里的孩子和修女都穿着黑白相间的制服，香奈儿很早就开始欣赏简朴和协调的风格。即使是住在丽兹酒店（Ritz Hotel）的公寓套房里，她也睡在用人房，那“看起来就像一间消毒过的小病房，有一张狭窄的床，铜床头上放着念珠，床上方放着十字架。房间里有一张桌子和一把直靠背椅子——除此之外就没有其他物品了”。[10] 香奈儿认为“优雅就是拒绝”：拒绝色彩、装饰和奢侈的传统装饰。让·科克多（Jean Cocteau）在《时尚芭莎》上写道:“香奈儿完全和诗人一样，蔑视轻浮和弱点。”她将黑色从死亡的王国中拯救回来，并向女性表明，简约也可以是时髦的，而非乏味的。

虽然香奈儿版本的小黑裙很贵，但你不需要很有钱就能穿上小黑裙的样式。事实上，香奈儿欢迎人们模仿她的设计，正

---

* 一种扁平的圆领，非常减龄和少女。最初多用于童装，后来随着时尚发展和设计师的改良，应用于成人的衣服。源自一本 1990 年的法国小说，1905 年，大名鼎鼎的《彼得潘》在剧院演出并大热，顺便把男主穿的圆领衬衫带火了。因此，这种领子也被称作彼得潘领。

如斯诺在她的回忆录中指出的那样：这“有助于大规模生产，而在她之前的精心设计的款式永远无法做到”。1923 年 2 月，香奈儿在接受《时尚芭莎》采访时表示：“想想它给我带来的宣传效果吧。”香奈儿“福特”的众多仿制品只会强化它的普遍性和实用性。正如制服在战争期间创造了一种同志情谊一样，这种平民制服让所有的女性——无论贫富、老幼——都看起来时髦、自在、现代。当时的时装具有明显的年龄缺口，而香奈儿“卓越的简约”提供了“一种适合所有年龄段和大多数阶层的风格”。[11]（1926 年，设计师本人 43 岁。）

“Petit”在法语中既有“非正式的”的意思，也有“小
巧”之意，小黑裙的朴实无华和它的短裙摆同样吸引人。香奈 72
儿自豪地说，这条小黑裙用了 7 码（约合 6.4 米）布料，而不是高级定制服装标准的 20 码（约合 18.3 米）——这在战前是不会被认为令人印象深刻或有吸引力的。如果时尚的弧线向非正式化倾斜，那么香奈儿走在了这条曲线的前端。她告诉贝蒂娜·巴拉德（Bettina Ballard）：“我设计的时装让女性可以生活方便、呼吸自如、心情舒适，而且看起来年轻。你看到这条裙子了吗？”她把手深深地插进口袋里，说道：“它不会贴在我身上的任何地方。我可以随意活动。如果我想跑的话，甚至可以跑得很快。”一条你可以穿着跑的裙子，还有深深的口袋？你可以买各种颜色的，尤其是黑色的。

香奈儿的“福特”改变了时装设计制作，正如 T 型车改变了汽车工业一样，曾经令人震惊的小黑裙成为女性衣柜中的主

打，并延续至今。香奈儿的竞争对手、前卫设计师艾尔莎·夏帕瑞丽专门设计异想天开、俏皮、颠覆性风格的礼服，但她在自传《震撼人生》(*Shocking Life*)中承认，她“最忠实的粉丝是那些超级聪明、保守的女性，外交官和银行家的妻子，百万富翁和艺术家，她们喜欢严肃的西装和朴素的黑色连衣裙”。就连迪奥这位极端的极简主义者也很欣赏香奈儿的极简风格:“她用一件黑色套头衫和十排珍珠，彻底改变了时尚。”玛丽·奎恩特(Mary Quant)在 20 世纪 60 年代因设计荧光(Pay-Glo)连衣裙而闻名，她对黑色赞不绝口:“在所有诱人的颜色中，黑色是最性感的变色龙。对所有女人和所有男人而言，它可以是一切。它可以是端庄的，就像无处不在的小黑裙，贴合身体，微妙地展现不易察觉的曲线美。加之黑缎用料，其
73 效果可谓登峰造极。”(2009 年，英国皇家邮政为奎恩特的纪念邮票选用了一件黑色迷你裙的图案。)1994 年，爱尔兰小说家埃德娜·奥布莱恩(Edna O'Brien)在时尚杂志《米拉贝拉》(*Mirabella*)上撰文，称小黑裙“既时髦又实用”。

事实上，它曾经是(现在仍然是)一件罕见的衣服，既能在心理上予人安慰，又能修饰和解放人的身体。斯诺在回忆录中写道:“直到今天，我还记得我从(香奈儿)那里买的第一件‘小黑裙’，它是雪尼尔材质的系带裙，袖子刚好过肩(我现在还可以穿)。穿上它我感觉很棒……我甚至没有意识到我穿了一件新衣服。”永恒的风格不分季节，总是恰当的；正如香奈儿的继任者卡尔·拉格斐尔德(Karl Lagerfeld)所言:“只穿一条

小黑裙，永远不算穿得过多或过少。”1944 年 4 月，《时尚》杂志惊叹道：它从未改变过颜色，但是“一条能改变情绪、时间和地点的变色龙”。奎恩特说：它“无时不在，无处不在”。[12] 说到时尚，舒适感并不一定与束缚感对立，但它与难为情、不真实和不快乐的感觉对立，[13] 香奈儿的小黑裙在两方面都是一种解放：它允许女性做自己，同时也赋予了她们制服的实用性和隐蔽性。

迪奥深谙黑色的力量和美丽，但真正继承香奈儿小黑裙遗产的是克里斯托巴尔 · 巴伦西亚加（Cristóbal Balenciaga）*。对于这位西班牙设计师来说，黑色不是一种颜色或没有颜色，而是一种无限的色调和纹理，从不透明到半透明，从哑光到亮光。它让人想起西班牙的黄金时代（Spain’s Golden Age）**，当时黑色是最稀有、最昂贵的染料，剪裁考究的黑色衣服是西班牙君主制政治和道德权威的代名词。巴伦西亚加可以让黑色服装具有修道院、雕塑、帝王、极简主义或巴洛克等多种风格。 74
他用黑色面料来做带花边的娃娃裙、剪裁得体的西装和折纸似的晚礼服。他不是用未经漂白的细布，而是用黑色密织棉布、斜纹布或薄纱来缝制他的黑色服装，这样就能测量光和影在服

---

* 1917 年，克里斯托巴尔 · 巴伦西亚加于西班牙创立巴黎世家（Balenciaga）时装店，1936 年巴黎世家落户法国巴黎，成为时尚界最具影响力的品牌之一。

** 指的是 16 世纪到 17 世纪初西班牙文化和艺术的鼎盛时期。在这个时期，西班牙帝国统治着包括欧洲、美洲和亚洲的庞大领土，西班牙的文化和艺术经历了繁荣，文化和艺术作品的影响力不仅仅存在于西班牙，还存在于整个欧洲大陆。

西班牙设计师克里斯托巴尔·巴伦西亚加设计的黑白色调服装。
Wikimedia Commons

装的平面和凸起处的效果。1938 年,《时尚芭莎》报道说:“黑色如此之黑，让人如遭重击。厚厚的西班牙黑，几乎像天鹅绒、没有星星的夜晚，使普通的黑色看起来近乎灰色。”很少对任何人说好话的香奈儿坚持说:“巴伦西亚加才是真正意义上的裁缝。只有他能够裁剪材料、组装作品并手工缝制，其他人都只是时装设计师。”[14] 他的每个系列都有一件完全由他自己制作的礼服，并且总是黑色的。

在流行文化和高级时装定制文化中，小黑裙随处可见，从 1930 年推出的卡通辣妹贝蒂 · 布普（Betty Boop）到 1986 年罗伯特 · 帕尔默（Robert Palmer）被广泛戏仿的音乐短片《沉溺于爱》（*Addicted to Love*），该片由时尚摄影师特伦斯 · 多诺万（Terence Donovan）执导。当玛丽莲 · 梦露在《热情似火》（*Some Like It Hot*，1959 年上映，但背景设定在 1929 年）中扮演一个艳舞女郎时，她穿着由奥里 · 凯利设计的一系列饰以流苏和亮片的小黑裙（见彩插图 10），奥里 · 凯利因此获得了奥斯卡最佳服装设计奖。[与梦露同台的男扮女装演员杰克 · 莱蒙（Jack Lemmon）也穿了一件。] 尽管这些裙子是为了展示梦露著名的曲线而量身定制的，与香奈儿和她同时代人流行的方形紧身裙没有什么关系，但这种颜色使它们成为 20 世纪 20 年代的代名词。

奥黛丽 · 赫本在电影《蒂凡尼的早餐》中所穿的那几条修身长裙当然也算是小黑裙，尽管它们的下摆更长。

杜鲁门 · 卡波特（Truman Capote）的小说描述了赫本 75
扮演的应召女郎霍莉 · 戈莱特利，她穿着“一件修身而酷飒的黑色连衣裙、一双黑色凉鞋，戴着珍珠贴颈项链”。巴伦西亚加的门生纪梵希为赫本设计了电影中的服装。其中最具代表性的小黑裙是她在片头所穿的无袖船领长裙，正面为修道院式的朴素风格，背面为独特的镂空设计。服装设计师伊迪丝 · 海德 76

休伯特·德·纪梵希（Hubert de Givenchy）为奥黛丽·赫本设计了《蒂凡尼的早餐》（1961）中的全部服装。
派拉蒙影业 / Photofest

（Edith Head）将这条裙子改得更加低调，缝上了一条高及大腿的开衩。与香奈儿观点一致，纪梵希解释道：“小黑裙是最难设计的，因为你必须保持简单。”赫本的小黑裙搭配罗杰·斯凯玛（Roger Scemama）的多股珍珠项圈、黑色晚宴手套、高发髻和奥利弗·戈德史密斯（Oliver Goldsmith）的玳瑁色太阳镜，一经推出便成为经典之作，引发了狂热的复制潮流和异常优雅的万圣节服装风尚。克莱尔·维特·凯勒（Clare Waight Keller）在纪梵希 2018 年秋季高级定制系列中对它进行了 21 世纪的更新，该系列在纪梵希去世后不久展出。她新加了天鹅绒面料，增加了兜帽和口袋设计，但保留了经典的背部设计。这场演出以赫本令人难忘的《月亮河》（*Moon River*）结束。

1994 年，一件小黑裙让名不见经传的模特兼演员伊丽莎白·赫莉（Elizabeth Hurley）一夜成名，她穿着这件小黑裙出席了由她当时的男友休·格兰特（Hugh Grant）主演的电影《四个婚礼和一个葬礼》（*Four Weddings and a Funeral*）在伦敦的首映式（见彩插图 11）。这件暴露的范思哲礼服两边开衩，用超大的金色别针固定在一起，这是朋克美学的奢华升级。范思哲是通过他们共同的朋友埃尔顿·约翰（Elton John）认识赫莉的，这是他刚从 T 台下来就送给赫莉的，没有经过试穿。设计师解释说："赫莉有着聪明的脸蛋和俏皮的身体。所以像她这样的女人穿着这件礼服，肯定会让所有人疯狂。"[15] 赫莉大胆地低胸露肩，就像现代的 X 夫人——只不过引起轰动的是她的礼服，而不是丑闻。

仅仅几个月过后，在几英里外，另一件小黑裙作为皇室复仇的工具给人留下了不可磨灭的印象。就在戴安娜王妃分居 77
的丈夫查尔斯王子在电视采访中承认自己出轨的那天晚上，她参加了在伦敦蛇形画廊（Serpentine Gallery）举行的鸡尾酒会。她本来打算穿一件借来的华伦天奴（Valentino）连衣裙，结果却选择了希腊设计师克里斯蒂娜·斯坦波利安（Christina Stambolian）设计的一款又短又性感的小黑裙（见彩插图12）。这条裙子是她在三年前买的，但她从来没敢穿过。英国王室成员很少在公共场合穿黑色衣服，除了葬礼和阵亡将士纪念日等严肃的场合；短裙也是被禁止的，尤其是一侧开衩，又搭配上低胸露肩领口的裙子，绝对是触禁犯忌。[1981年，戴安娜第一次和查尔斯王子公开亮相时，穿的是伊丽莎白和大卫·伊曼纽尔（David Emanuel）设计的无肩带黑色晚礼服，之后，她再也没有穿过，那是其早期罕见的时尚失礼。] 尽管以当代平民的标准来看，这条裙子并不是特别大胆，甚至也没有特别不寻常之处，但它进一步强调了戴安娜与王室的决裂，并将查尔斯和他的情妇卡米拉·帕克·鲍尔斯（Camilla Parker Bowles）挤出了第二天的头版。报纸称之为她的“复仇裙”。

戴安娜王妃是那个时代“潘通政治”（Pantone Politics）* 的大师，这是一种通过精心设计的服装和色彩象征来左右公众舆论的政治。但小黑裙可能会传递出复杂的信息。最初，它是一种平等的城市制服，但很快就与性解放、穿短裙的随意女郎联系在了一起。即使是卡通形式，它也很有威胁性。1934年限制性的《电影制作法典》（Motion Picture Production Code）

---

* 潘通是一家专门开发和研究色彩的权威机构，也是一家色彩系统的供应商。

认为贝蒂·布普的小黑裙太短，迫使动画师提高领口、降低裙摆，导致遮住了布普著名的吊袜带。色情暗示和涉及吸毒、性 78
骚扰及赌博的故事情节也从卡通片中消失了。这一角色因此人气逐渐下滑，1939 年，这个电影中的性感符号从银幕上消失了。类似的命运也发生在《热情似火》一片上，该片未经海斯检查处（Hays Office）* 批准就上映了，受到天主教道德联盟（Catholic Legion of Decency）的谴责，并因其色情的内容和服装在堪萨斯州被禁止上映。（不过，它在其他地方却大受欢迎，标志着《电影审查法规》的终结。）如今，小黑裙承载了百年的文化包袱（cultural baggage），它更有可能被视为有意挑衅，而非优雅低调。它的多功能性使它受到指责；正如它适合白天和晚上穿、年轻人和老年人穿、休闲和正式场合穿，它是一个令人厌烦的通用款，根本不是什么基础款。

小黑裙也有其阴暗面。如今，香奈儿是时尚界的传奇人物，但她的传奇因她在二战期间的行为遭到重创。当时纳粹占领了巴黎，香奈儿关上了位于康邦街上总部大楼的大门，和一位比她小 13 岁的德国军官躲在丽兹酒店的套房里。战后，她被贴上通敌的标签，她的生意和声誉都遭到了重创，她在瑞士进行了近十年的自我放逐，靠销售香水为生。1954 年，她卷土重来，但很少有法国时装编辑或客户愿意原谅和忘记这一切。

---

* 1922 年美国建立的电影检查处，因主管人威尔·H. 海斯（Will H. Hays）而得名。

《世界报》（*Le Monde*）抱怨道："她的时装系列没什么可取之处，而且是一种忧郁的复古风格，没有胸部、腰部或臀部线条。给人的感觉就像翻看一本微微泛黄的家庭旧相册。"但美国乐于
79 接受。《生活》杂志称："71 岁的她带给我们的不仅仅是一种风格——她引发了一场真正的风暴。她已经决定回归，要夺回她曾经的位置——第一位。"她在美国的成功复出让她重新登上了巅峰——她在复出系列中重新推出了标志性的香奈儿套装，并使其成为战后岁月里日常着装的主打。《时尚芭莎》的时尚编辑欧内斯廷·卡特（Ernestine Carter）在她的回忆录中写道："这位非凡的设计师又一次设计出了一种所有女性都想穿的制服。"[16]

4 80

裹身连衣裙

穿起来

The Wrap Dress: Working It

查尔斯·詹姆斯（Charles James）是一位美籍英裔设计师，在第二次世界大战开始时从伦敦搬到纽约，他最令人难忘的设计是晚礼服——具有复杂精湛的技艺，是惊艳的雕塑般的作品。但他认为自己最重要的设计是1933年商业化生产的一件简单的黑色包裹式连衣裙，被称为“的士连衣裙”（taxi dress）（见彩插图13）。

在他晚年的时候，也就是性解放的20世纪70年代，詹姆斯说这个连衣裙的名字源于这种裙子很容易穿上，女性坐在出租车后座也可以穿上它。但是，无论多么令人难忘，多么经常被引用，这种解释都很可能是捏造的，就像詹姆斯自传中的大部分内容一样。[1] 早在 1922 年，北美的报纸上就出现了类似的裹身连衣裙广告，其被叫作“的士连衣裙”、“的士制服”和“秒穿裙”（jiffy-ons）。之所以这样命名，是因为穿脱它们就像上下出租车一样容易。

这与詹姆斯精心设计的晚礼服形成了鲜明的对比。他的忠
81 实客户罗斯伯爵夫人安妮·帕森斯（Anne Parsons）惊呼道：“拿到衣服后怎么穿上，这可真是个谜！或者说，哪个是前面哪个是后面，可能会在最后一刻改动！”[2] 但是，在一个中上层女性越来越多地学会在没有满屋子仆人的情况下生活的时代，这不禁令她们顾虑重重。1900 年，家政服务是英国从业人数最多的单一职业，然而，在第一次世界大战期间，大多数男仆应征入伍，而女仆则去了军工厂、医院和农场工作。

战争也影响了婚姻模式，1921 年的人口普查显示，英国有 175 万名“剩余女性”，其中许多人因为缺少合适的对象而从未结婚。然而，与此同时，战争也为女性提供了自立的机会，减轻了单身人士的耻辱感。的士连衣裙不仅方便快捷，而且女性自己就能搞定，不需要女佣（或丈夫）的帮助就能穿上或者脱下它。它没有需要系牢带子的紧身胸衣，没有不得不系上的小风纪扣或小纽扣。的士连衣裙的穿脱方便也暗含着女性性需求的信息，但它的效率和独立性是其现代性的标志。这不是时尚史上的第一次，也不是最后一次，实用性和对性自由的指责相伴而生；小黑裙也遭遇到同样的命运（见第 3 章）。

詹姆斯对家庭主妇“秒穿裙”的高级时尚诠释是黛

安·冯·芙丝汀宝裹身连衣裙和其他许多为现代生活而设计的
易穿脱连衣裙的前身。但与通常在腰部系带或固定的标准裹身 82
连衣裙不同的是，詹姆斯独创的缠绕式裹身连衣裙绕身一周半，在臀部处用三个胶木扣扣住，这种轻质、耐用的合成塑料于 1909 年由比利时化学家利奥·贝克兰（Leo Baekeland）申请了专利。1933 年，詹姆斯推出了拉链版。英国版《时尚》杂志的一则广告吹捧道："查尔斯·詹姆斯最新的缠绕式裹身连衣裙配有'闪电'拉链……在这个最新的设计中，开口是向右螺旋式绕身的。"罗斯伯爵夫人安妮就有一件带拉链、有纹理的黑色亚麻裹身连衣裙。

与艾尔莎·夏帕瑞丽一样，詹姆斯是最早开发拉链装饰可能性的主要时装设计师之一，将其从实用层面提升到时尚层面。该扣件于 1917 年获得专利，首次用于军用飞行服和胶鞋等实用服饰。早期的版本被称为"无钩紧固件"或"滑动紧固件"。1923 年，靴子制造商 B. F. 古德里奇（B. F. Goodrich）将"Zip"这个名字注册为商标，并迅速将其普及开来。"Zip"指的是金属齿打开或闭合时发出的声音，但它长期以来一直是"速度"的俗称。这是一个模拟物体在空中飞行时发出的嗡嗡声的拟声词，就像"pew-pew"模拟炮火声一样。

在 20 世纪 30 年代，拉链既是一种珠宝般的装饰，也是一种高科技的封闭设计。据报道，在客户温莎公爵夫人的建议下，梵克雅宝（Van Cleef & Arpels）甚至设计了一款拉链形状的项链，拉链项链诞生于 1950 年。一个持续的担忧或可能发生的情况是拉开拉链就会露出链齿。詹姆斯认为他最有价值和最具影响力的廓形设计之一就是他的“缠绕构造的礼服，避免了显露链齿的问题，并使拉开和拉上拉链都很自如”。[3]

83 和它接近无缝的结构和新颖的扣件一样具有革命性的是的士连衣裙只有两种尺码，这说明了詹姆斯的信念，一件设计良好的礼服不需要太多的尺码。（他推出许多有两种尺码的设计，尝试不同的方法来调整合身度；就连他的裤子也裁剪成斜腰线式，这样一条裤子可以同时适配三种型号。）尽管制作起来很困难，但的士连衣裙还是被大量生产出来，并在百货公司出售。1934 年 4 月，詹姆斯在芝加哥的马歇尔百货公司（Marshall Field）公开亮相，带来了“他的缠绕式的士连衣裙”，售价 25 美元。这是他的作品中最便宜的，其最贵的作品是一件婚纱，售价 200 美元。他还销售遵循同样缠绕式设计理念的“缠绕式沙龙礼服”。

多年后，詹姆斯声称他的第一条的士连衣裙是为格特鲁德·劳伦斯（Gertrude Lawrence）设计的，这位英国女演员是他最早的客户之一。（劳伦斯因她的时尚品位和拖欠裁缝的债务而闻名；1935 年，她被宣告破产。）布卢姆斯伯里团体（Bloomsbury Group）中的作家玛丽·哈钦森（Mary Hutchinson）是他的另一位早期客户，她的朋友弗吉尼亚·伍尔夫（Virginia Woolf）* 形容詹姆斯的裙子是“对称的、恶魔

* 弗吉尼亚·伍尔夫（1882~1941），英国女作家、文学批评家和文学理论家，意识流文学代表人物，被誉为 20 世纪现代主义与女性主义的先锋。

般的、几何意义上的完美”。数学精度是詹姆斯作品描述中一个反复出现的主题。他曾学过建筑设计和工程设计，他视自己为科学家，他的服装是比例和结构的实验品。他说：“我的设计不是奢侈品，它们代表着时尚研究。”多年来，他估计花费了两万美元来完善袖子的剪裁。在 1933 年的一封信中，伍尔夫对维塔 · 萨克维尔 - 韦斯特（Vita Sackville-West）说：“查理 · 詹姆斯的设计十分几何化，如果一针缝歪了，整件衣服就报废了。”

詹姆斯将他严谨的设计原则应用到雕塑般的无肩带晚礼服 84
（见第 5 章）和看似简单的日装，如的士连衣裙中。1945 年，他在他的工作间和服装店之间安装了一扇巨大的窗户，这样他的客户就可以窥视幕后，观看使他的服装价格如此之高的高强度工作。街头摄影师比尔 · 坎宁安（Bill Cunningham）说：“他在解剖学、心理学、经济学、技术和美学方面的知识面之广令人敬畏。”[4] 设计师巴伦西亚加称詹姆斯是“世界上最好的也是唯一的把（服装）从实用艺术形式提升到纯粹艺术形式的服装设计师”。可可 · 香奈儿和夏帕瑞丽通过穿他的裙子来表达对他最高的赞美。但《女装日报》（*Women's Wear Daily*）的出版人约翰 · 费尔柴尔德（John Fairchild）说，对詹姆斯而言，“时尚是一种知性探索”。[5] 这并不是褒奖，事实上，詹姆斯强迫性的完美主义是一种负担：他几乎没赚到什么钱，住在切尔西酒店的破旧房间里，仍然在修补着他在 20 世纪 30 年代设计的礼服，1978 年一贫如洗地离世。

到了20世纪40年代初，缠绕式裹身连衣裙失去了令人眼花缭乱的吸引力，裹身连衣裙已经成为孕妇装（maternity wear）、护士制服和“胡佛围裙”（hoover apron）的代名词，“胡佛围裙”是为做家务而设计的无版型工作服。女设计师克莱尔·麦卡德尔在欣赏它的实用性的同时，也意识到了它的时尚潜力（见第1章）。1942年，麦卡德尔首次推出了“蓬蓬连衣裙”，该连衣裙适用于任何场合，从做家务到参加鸡尾酒会。

一位时尚编辑解释说：“做家务时，你可以把它套在更漂亮的衣服外面。”[6] 这种“奢华的家居行头”非常适合那些因仆人上战场而要独自打理家务的女性。《时尚芭莎》将以“我在做我自己的工作——更重要的是，我做得很好”为标题的图片作为插图，配上了自编的家政小贴士综述。蓬蓬连衣裙由结实、可洗的牛仔布制成，配有一副防烫手套，手套放在宽敞的口袋里。它的标价仅为6.95美元，广告上写道：“你可以穿着它来迎接
86 你的客人了。”麦卡德尔在第一季就卖出了超过7.5万件这种裙子，并在随后的每一个系列中都推出了它的一个版本。这种具有专利的蓬蓬连衣裙在市场上流行了多年，在战争结束后成了一种独立的服装，而非一种外搭。

第二次世界大战后，美国设计师确立了自己作为运动休闲服专家的地位。（至于正式礼服和酒会礼服，大多数女性仍然依赖巴黎，或者法国高级定制服装的授权仿制品。）像蒂娜·莱瑟（1945年因其设计的“裹身连衣裙廓形”和其他创新而获得科

1943 年 5 月,《时尚芭莎》刊登了罗德与泰勒（Lord &Taylor）* 的广告，克莱尔 · 麦卡德尔的专利“蓬蓬连衣裙”和配套的防烫手套出现在广告中。
《时尚芭莎》，1943 年 5 月

---

* 一家美国历史最悠久的奢侈品连锁百货公司，创办于 1826 年，总部位于纽约市曼哈顿，其业务主要集中在美国东部。

蒂奖）和邦妮·卡辛（Bonnie Cashin，受到日本和服的启发）这样的女性设计师设计出了“围裹式”半裙、连衣裙，甚至衬衫。这些款式的广告强调它们的便利性，吹捧大口袋和滴干面料等特点。裹身连衣裙“百搭”，“方便在温暖的天气穿着”，“四季皆宜”，“女人可以匆忙穿上，却依然看起来最漂亮”。它“能修饰各种身材”。它既“不易起皱”，又“易于熨烫，因为它是平的”。所有这些特点使它成为“忙碌女性生活的理想选择”。

由于围裹款式通常接缝极少，没有复杂的纽扣孔或拉链，既易于缝制又易于穿着，打版公司生产了可供大众使用的“自己动手做裹身连衣裙”制作包，大众可以将裹身连衣裙改成吊带领的款式和长袖、短袖或无袖的款式，这使裹身连衣裙不再是为了家务劳动而穿或只是家庭主妇的专利。除了不受季节影响外，裹身连衣裙越来越多地被宣传为“适合休闲装或正装”的全天候款式，女性可以“从早穿到晚”，穿着它从事清洁劳动
87 或参加鸡尾酒会。《弗雷斯诺蜜蜂报》（*The Fresno Bee*）的时尚编辑玛丽·汉普顿（Mary Hampton）在1944年指出：“时尚界已经开始喜欢围裹的概念。当时尚界喜欢一个想法时，它可以创造奇迹来美化它。”（不过，她补充说，它并不适合所有人：“如果你是平胸，要么不穿它，要么在文胸里加雪纺。”）詹姆斯在1950年复兴了他的缠绕系列，制作了他有史以来最成功的晚宴礼服：一件紧身、斜裁的红宝石色丝绸下垂裙。它采用不对称的金属线领和围裹式裙摆，没有侧缝或褶边。《时

尚》杂志在 11 月号上介绍了这件优雅的围裹式裙子，指出它“从每个角度看都像是一件不同的衣服”。

20 世纪 60 年代初，维姬 · 蒂尔（Vicky Tiel）还是帕森斯学院时装系的学生时，就开始穿自己设计的裹身短裙和连衣裙。但她随意、简单的设计并没有给男教师留下深刻的印象，其中包括以高级定制成衣著称的詹姆斯 · 加拉诺斯（James Galanos）和诺曼 · 诺雷尔（Norman Norell）。一天，她穿着一条绿松石色的粗麻布裹身连衣裙走进教室，发现她的同学米娅 · 方萨格里夫斯（Mia Fonssagrives）也穿着一条类似的紫色裙子。“我们必须合作。”蒂尔在自传中回忆道。两人一起创业，在巴黎推出了一个时尚品牌，她们的皮制和钩针编织迷你裙在新兴的反主流青年文化代表人物“yé-yé 女孩”* 中大受欢迎。

但无论男女，没有哪个设计师，能比黛安 · 冯 · 芙丝汀宝更能成为裹身连衣裙的代名词。1973 年，她在餐桌上创作的裹身连衣裙被视为女权运动的象征。冯 · 芙丝汀宝说：“对一些人而言，裹身连衣裙是 20 世纪 70 年代解放女性的宣言。这种裙子符合女性革命的潮流，让数百万上班族女性在一分钟内 89
穿戴整齐地走出家门，而不用担心褶皱、纽扣、拉链、扣眼问题。裹身连衣裙也与性革命的潮流相契合。“只要女人想，就

---

* 20 世纪 60 年代中期法国少女摇滚乐歌手的统称。虽然她们的风格各不相同，但这些 yé-yé 女孩因其清新浪漫的演唱受到追捧，其他女孩追随她们的脚步，模仿她们的穿衣风格。有评论认为：“‘yé-yé’之于法兰西，正如 The Beatles（甲壳虫乐队）之于英伦三岛。”

88 黛安·冯·芙丝汀宝穿着她标志性的裹身连衣裙，她称之为“70年代获得解放的女性的宣言”。

Adc / Shutterstock.com

可以在一分钟内脱掉裹身连衣裙。”她认为，“除了嬉皮士服装（hippie clothes）、喇叭裤（bell-bottoms）和掩盖女性气质的硬挺裤装，女性还需要一种时尚选择”。[7] 除了裹身连衣裙，她还出售其他样式的“小性感连衣裙”（little sexy dress）——尤其是衬衫连衣裙——以及包括裤子在内的单品。但是引起女权运动倡导者共鸣的是裹身连衣裙。当女人穿裤子终于被广泛接受的时候，20 世纪 70 年代轰动时尚界的是一件连衣裙。

冯·芙丝汀宝的“小资产阶级连衣裙”（little bowgeois dress）上的印花五颜六色，似乎一下子实现了 20 世纪 40~50 年代裹身连衣裙广告中的所有承诺。正如这位设计师经常说的那样，它“让人显得漂亮，有女人味，最重要的是，实用”。格洛丽亚·斯泰纳姆（Gloria Steinem）* 和第一夫人贝蒂·福特（Betty Ford）都穿过这种裙子。其中一条挂在史密森尼博物馆（Smithsonian）。1976 年，年仅 29 岁的冯·芙丝汀宝登上了《新闻周刊》（*Newsweek*）的封面，她是第一位获得这一荣誉的时装设计师。（在封面照片中，她穿的是衬衫裙，而不是裹身连衣裙。“我更喜欢衬衫裙，自己也很少穿裹身连衣裙。”她在自己的两本自传中的一本中坦言。）比尔·布拉斯（Bill Blass）称她是“让女性重新穿上裙子的设计师”。[8] 在那个有飘逸裙摆的时代，裹身连衣裙的长度刚好到膝盖以下，显得十分端庄。V 型领口突出了胸部，宽腰带使腰部显得极细，而 A 字裙则勾勒

---

* 美国著名演员、编剧、制片人，也是第二次女权运动的引领者。

出完美的沙漏型身材。裙子很宽松，不费力就可以穿进去，但
90 又很贴身，突出了女性的曲线。可调节的腰带意味着它可以适合和修饰各种各样的身材。柔软的纯棉人造丝针织布舒适、透气、可机洗（尽管冯·芙丝汀宝在一些印花的染料褪色后才悄悄将标签改为“干洗”）。它很有弹性，不需要熨烫。它售价 86 美元——比麦卡德尔的“蓬蓬连衣裙”要贵得多，不过《纽约时报》的时尚作家伯纳丁·莫里斯（Bernadine Morris）并没有忽略两者之间的相似之处，她称这种裹身连衣裙是“用漂亮面料装饰起来的家居服”。[9] 然而，这是一个职业女性愿意并有能力支付的价格，尤其是它是一件可以从早餐穿到晚餐的具有双重用途的衣服。在裹身连衣裙流行的巅峰时期，冯·芙丝汀宝每周卖出 2.5 万件，轻而易举地超越了 1972 年霍尔斯顿人造鞣皮衬衫裙的成功。虽然霍尔斯顿的裙子也具有类似的易于打理、易于穿脱的优点，但霍尔斯顿裙子的廓形不够宽松、面料弹性差，对传统女性的风韵体现得也不够充分。

冯·芙丝汀宝是一位现实生活中的公主，也是八卦专栏中的大名人（《新闻周刊》的一个标题是：“贫穷与富有”）。冯·芙丝汀宝出生在布鲁塞尔，拥有日内瓦大学（University of Geneva）的经济学学位，能流利地讲五种语言，但她没有时尚行业的经验，甚至不会缝纫。她的名人朋友和夜总会的滑稽表演为她提供了宝贵的宣传机会。迪娜·梅里尔（Dina Merrill）、谢丽尔·蒂格斯（Cheryl Tiegs）和坎迪斯·伯根（Candice Bergen）等女演员都穿过她的裹身连衣裙，斯

碧尔·谢波德（Cybill Shepherd）在《出租车司机》（*Taxi Driver*）里也穿过。但是，裹身连衣裙取得的荣耀是当之无愧的，它凭借自身的优点而畅销。作为冯·芙丝汀宝作品的早期 91
拥护者，《时尚》杂志编辑戴安娜·弗里兰（Diana Vreeland）说："对一些伟大的设计师而言，这是一个教训，你不必一直推出新东西，专心把一件事做得独一无二就好。"正如霍尔斯顿所指出的，"如果她的名字是黛安·施马尔茨，她也会成功"。[10]

冯·芙丝汀宝裹身连衣裙的出现恰逢第二次女权运动的高峰，该运动关注职场平等。1923 年首次提出的《平等权利修正案》（The Equal Rights Amendment）于 1971 年重新提交国会，批准的截止时间是 1979 年。公众对《平等权利修正案》的激烈辩论形成了裹身连衣裙兴起（和衰落）的背景。1960 年，38% 的美国女性外出工作；到了 1980 年，有超过一半的女性外出工作。她们越来越多地从事白领工作并担任要职。她们需要得体的穿着。1998 年，冯·芙丝汀宝在接受美联社采访时表示："当时的时尚要么是非常前卫的嬉皮士风格，要么是使用滴干的聚酯面料的实用风格。没有中间地带。"

1977 年出版的《女性成功着装》（*The Woman's Dress for Success Book*）是几本推广"权力着装"（power dressing）的书籍中的一本，在这本书中，约翰·T. 莫洛伊（John T. Molloy）就职场女性如何通过着装"促进成功、表达权威、吸引男性"提出了建议。他写道："女性在职业平等方面可以迈出坚定的、引人注目的一步。她们可以穿职业装。"莫洛伊所指的不是裹身连衣裙，而是一种剪裁得体的两件套裙装，搭配高领衬衫、高跟鞋和公文包。（即使在该书1996年的修订版中，莫洛伊也直言不讳地说：“如果你想穿裤子去上班，那就不用去上班了。”）莫洛伊的书所依据的是统计数据和市场调查，而不是时尚
92 趋势或个人观点；虽然得体的职场着装的定义已经改变了，但他的很多建议（比如“为你想要的工作而着装”）今天仍然奏效。

裹身连衣裙为女性提供了另一种“职业装”。与西装不同的是，你可以穿着它去上班，也可以穿着它去餐厅或夜总会。它不需要干洗。而且，多亏了Vogue Patterns网站上出售的制作包，你只需花13美元就可以“自己动手做”。冯·芙丝汀宝的广告传达的信息是：“感觉自己像个女人，就穿上裙子！”——在女权主义者和她们的对手都在迅速转变性别身份的时候，这是一个强有力的信号。正如许多男性对女性扮演男性角色和穿男性服装感到受到威胁一样，许多女性担心拥护女权主义意味着否认自己的女性特质。穿上冯·芙丝汀宝的裹身连衣裙，即使你在男人的世界里取得了成功，也能“感觉自己像个女人”。

当冯·芙丝汀宝创立自己的公司时，“人们都认为女权主义者是丑陋的。”斯泰纳姆说。这位《女士》（*Ms.*）杂志的联合创始人乐于证明他们是错的，曾在著名的《秀》（*Show*）杂志的曝光会上以兔女郎的形象亮相，这十分有说服力。冯·芙丝汀宝表示赞同，成为女权主义者并不意味着“你必须看起来像个卡车司机”。[11] 尽管如此，她还是很难说服以男性为主导的服装行业在她身上冒险。正如《时尚》杂志所解释的那样，“女人

喜欢裤子。性感的连衣裙已经过时了”。裹身连衣裙无疑是性感的。冯·芙丝汀宝鼓励这种观点，将其定义为女性的性掌控能力表达，而非女性的性脆弱表达。就像她喜欢说的那样：“如果你想在不惊醒一个熟睡的男人的情况下溜出去，拉链就是一场噩梦。”她不断提醒记者和顾客，穿上并脱下裹身连衣裙是多么容易的事。她告诉《时尚》杂志：“裹身连衣裙简约又性感，这 93
正是人们想要的。”[12] 她让女性整天看起来（和感觉自己）性感，而不仅仅是在天黑之后。她的第一件裹身连衣裙是绿白相间的木纹印花，但很快出现了更具冲击力的印花，如蛇皮和豹纹等。

“裹身连衣裙”这一名称“花了一段时间才流行起来”。最初，它被称为“围裹式连衣裙”（the wraparound dress），甚至是“戴安连衣裙”（the Diane dress）。[13] 冯·芙丝汀宝最初的围裹式服装是上衣和半裙，而不是连衣裙。2014 年，她在接受《洛杉矶杂志》（*Los Angeles Magazine*）采访时表示：“上衣的灵感来自芭蕾舞演员穿在芭蕾舞短裙外面的上衣。但我想做一件能衬托女性身材的简单小裙子，所以我把围裹式上衣和半裙合二为一。”她还把目光从芭蕾舞演员转向更古典的模特身上。“这实际上是一种非常传统的服装形式。它们就像托加长袍、和服，没有扣子，没有拉链。让我的裹身连衣裙与众不同的是，它们是用平针织布制作而成的，因此还可以塑造形体。”[14] 当时，美国的健身热潮刚刚开始，虽然冯·芙丝汀宝的紧身衣服并没有完全“塑造”身材，但它们把健身房塑造出来的身材展示得淋漓尽致（见第 10 章）。

《新闻周刊》称冯·芙丝汀宝是“可可·香奈儿之后最具市场价值的设计师”，男装设计师约翰·韦茨（John Weitz）对此表示赞同，他告诉《纽约阿姆斯特丹新闻报》（*New York Amsterdam News*）：“黛安可能会成为这个时代的香奈儿，因为她的服装很有意义。”就像香奈儿的小黑裙一样，不分年龄、体型或社会阶层（见第3章），裹身连衣裙适合所有女性。而且，像香奈儿一样，冯·芙丝汀宝是她自己最好的广告，出现在她自己制作的广告中以及时尚杂志和款式目录的封
94 面上。尽管她有王室头衔，过着奢华的生活，但她职业女性和在职母亲的身份还是让顾客感到亲切。奥斯卡·德拉伦塔（Oscar de la Renta）说：“她了解她的顾客，她了解女性和女性气质的魅力。”[15]

1976年7月，冯·芙丝汀宝在全球售出了价值6400万美元的针织裹身连衣裙，《时尚》杂志问她，人们是否会厌倦这种裙子。冯·芙丝汀宝回答说：“它们很容易穿脱。人们不会厌倦蓝色牛仔裤，对吧？”裹身连衣裙同样百搭、实用、永不过时。然而，由于市场饱和，她自己的裙子和廉价的仿制品大量存在，冯·芙丝汀宝在20世纪70年代末停止了裹身连衣裙的生产。后来她进入了品牌授权行业，在化妆品、香水和行李箱上印上了自己的大名。1983年，她在破产后卖掉了公司，回到了设计行业。她重新推出了裹身连衣裙，款式没有什么变化，标价也还是86美元。但是，就像她的许多授权产品一样，它牺牲质量来换取销量，最终出现在折扣店而不是百货商场。

与此同时，冯·芙丝汀宝专注于1985年她在纽约开的小而昂贵的“高级定制”精品店——这一商业计划与她平易近人、定价合理的魅力形象格格不入。而设计师自己也变了：她不再是一个坐着喷气式飞机的20多岁的公主了，而是一个离婚的、有两个孩子的母亲。（冯·芙丝汀宝打趣道：“我放弃了公主的头衔，这样我就可以用女士的头衔了。”[16]）后来，其“高级定制”业务失败，1985年第七大道的成功故事是关于另一位女设计师唐娜·卡兰（Donna Karan）的一个系列的。她的“七件简单单品”（Seven Fasy Piece）系列是最初的胶囊衣橱，通常包括黑色紧身衣、裹身半裙、夹克、羊绒衫、长裤、紧身裤和白衬衫，有时还会加上一条连衣裙、一条围巾或“皮革制品”。虽然裹身连衣裙百搭，但职业女性想要一种更灵活的、可以从早 95
穿到晚的衣服，一种时髦的混搭单品。

1985年1月，《时尚》杂志发表了题为“时尚是为女性服务的吗？”（Is Fashion Working for Women?）一文，该文是一个时尚“研讨会”的会议记录，与会者有著名的设计师、政治家和女企业家。1984年对职业女性来说是辉煌的一年：杰拉尔丁·费拉罗（Geraldine Ferraro）竞选副总统；超过一半的美国女性都有工作，其中300名女性进入公司董事会。越来越多的女性开始自己赚钱，更重要的是，她们开始自己花钱买衣服。这篇文章驳斥了约翰·莫洛伊关于灰色法兰绒西装加平底鞋的套装设想，这一设想在男女中都不受欢迎。倩碧（Clinique）公司总裁卡罗尔·菲利普斯（Carol Phillips）打趣道:“我认为当男人看到一个穿着小西装的女人时，他们会感到很惬意，因为他们知道她已经感到胆怯了。”摩根士丹利副总裁布伦达 · 兰德里（Brenda Landry）对此表示赞同:“许多男性不希望女性参与工作！”女性应该穿什么去上班的问题只是另一种形式的门柱，是众多不断变化的门柱中的一个。

这一点不容忽视。旧金山市长黛安 · 范斯坦（Dianne Feinstein）在接受《时尚》杂志采访时表示:“我们都可以否认这一点，说唯一重要的是问题本身，但事实并非如此。女性在权力岗位上仍然是新手，因此人们倾向于对她们做出草率的判断……人们往往对女性的服装非常挑剔。”“合适”“阳刚”“舒服”这些词在讨论中频繁出现。设计师奇安弗兰科 · 费雷（Gianfranco Ferré）反思道:“从心理上来说，女性穿男装
96 就像是一种提升。但我不认为这种提升是必要的……如果一个女人有一件适合她的连衣裙，那么穿一件连衣裙几乎比穿其他任何东西都舒适。”[17]

黛安 · 冯 · 芙丝汀宝也得出了同样的结论。她重新获得了裹身连衣裙的生产许可，并在 1997 年秋天重新推出了裹身连衣裙，因为她注意到，年轻女性正在追随迪斯科时代的怀旧浪潮，穿着从旧货店买来的复古裹身连衣裙。这一次，她调整了原来的宽领设计，用更豪华的丝绸织布取代了纯棉人造丝针织布。裙摆更高，标价也更高——200 美元。冯 · 芙丝汀宝在《访谈》(*Interview*)、《名利场》和《纽约时报杂志》(*The New York Times Magazine*)上刊登了广告，展示了一个穿

着裹身连衣裙、留着一头 70 年代狂野卷发、涂着深色口红的笑脸模特。但比起之前与“姑娘，去吧”（you-go-girl）类似的宣传词——“感觉自己像个女人，就穿上裙子！”，此次的广告语针对的是房间里 23 岁的大象*。上面写着：“他整晚都盯着我。然后他说……‘你身上的某些东西让我想起了我的母亲’。”

---

* elephant in the room 是一则英国谚语，用来形容那些触目惊心的存在，却被明目张胆地忽略，甚至否定的事实或者感受。

97

5

无肩带连衣裙

临渊的女人

The Strapless Dress: Women on the Brink

无肩带连衣裙（strapless dress）集时尚、性感和科学于一身。它的确切起源是有争议的，尽管“无肩带”一词是在 20 世纪 20 年代末开始使用的，但它通常指的是吊带或露肩领口，而不是真正的无肩带连衣裙。裙摆开始上移后，设计师们开始寻找女性身体可以裸露的新地带，他们尝试了低领口、单肩、露背，以及裸臂和斜裁款式。20 世纪 30 年代初，随着正装的下摆重新下移，一家时尚杂志开玩笑说：“在晚上，你可以展示除脚踝以外的所有部位。”[1]

在经历了 10 年“假小子”的造型之后，女性又准备好炫耀自己的曲线了：新的时尚强调了腰部和胸部，采用斜裁方法将面料塑造成贴合女性身体自然轮廓的形状（见第1章）。在1934年《电影制作法典》颁布之前，无肩带服装是好莱坞电影中具有暗示意义的款式之一（见第10章）。早在1930年，女演员利比·霍尔曼（Libby Holman）就在百老汇讽刺舞台剧 98
《三人行》（*Three's a Crowd*）中穿过这种裙子。但“时尚界的圣经”《时尚》杂志将无肩带连衣裙在平民中普及的功劳归于巴黎时装设计师梅因布彻。

该杂志于1934年7月公布了梅因布彻取消肩带的决定，但称“鲸骨（whalebone）被巧妙地缝在紧身上衣上，消除了所有的担忧”。《时尚》杂志所说的“鲸骨”指的不是骨头，而是须根，一种毛茸茸、富有弹性的角蛋白板，在某些鲸鱼身上代替了牙齿，或者更有可能是一种人造的近似物。（20世纪50年代，克里斯汀·迪奥仍在使用真正的鲸须，但其他许多时装设计师则用植物纤维、经过加工处理的羽毛、薄钢条或螺旋形钢片制成的“骨”替代。）在工业革命之前，鲸须是时尚的支柱，当时它被用来加固环形箍裙和紧身胸衣。它结实而柔韧，你可以把它加热并塑形，或者把它分成又长又窄的轴，然后缝在织物层之间。在19世纪末，它逐渐被钢铁取代，在20世纪，它被塑料所取代。但“鲸骨”一词继续被用作束胸衣的转喻词。虽然鲸骨实际上并不是由骨头制成的，但鲸骨及其替代品就像肋骨一样在外部包围和支撑着肌肉。然而，在无肩带的款式中，它们的用途是支撑胸衣，而不是身体。1938年1月，《生活》杂志解释说：“就像工程师在移动的土壤上施工时使用桩基施工

99

1934 年，《时尚》杂志称赞梅因布彻发明了无肩带礼服，当时也被称为“裸裙”(naked dress)。

勒内 · 布埃特 - 威洛梅兹 (René Bouët- Williaumez)，《时尚》©Condé Nast

方法一样，聪明的裁缝也会使用鲸骨来加固紧身胸衣。作为一种额外的预防措施，设计师经常使用张力很大的松紧带（悬索桥原理）将衣服顶部牢牢地固定在胸围线以上。”

无肩带礼服是工程学的奇迹。《纽约世界电报》（*New* 100
York World-Telegram）的时尚编辑格特鲁德·贝利（Gertrude Bailey）在梅因布彻的工作室里惊叹道：“似乎只有奇迹才能使它们不滑落，保持原位不动。”1934 年夏天，女演员佩特·科尔顿（Pert Kelton）穿着一件无肩带晚礼服去了椰林区（Cocoanut Grove）*，这在纽约成为头条新闻：“将无肩带晚礼服引入好莱坞。”《纽约每日新闻》也附和：“电影城的无肩带礼服不会滑落。”这些早期的无肩带礼服在双乳上方都有明显的裁剪痕迹，几乎就像意大利式细肩带礼服的系带被简单地剪掉了一样。无肩带礼服不仅让正面暴露，也让背部暴露，背面领口开得甚至更低。梅因布彻的春季系列立即成为两大洲的话题。加拿大《温莎星报》（*Windsor Star*）报道：“梅因布彻在这个季节推出了最重要的系列。买家……喜欢他那性感的露背无肩带晚装胸衣，其正面有起固定作用的骨圈，以确保着装端庄得体。”就连他著名的平胸客户华里丝·辛普森（Wallis Simpson）也能穿。

到了秋天，梅因布彻放弃了露肩设计，改用肉色的薄纱肩带。但对于媒体和公众来说，这种无肩带礼服［有时被称为

---

* 美国南部度假天堂，位于迈阿密市南部，郁郁葱葱的热带椰林曾经在殖民地艺术时期盛行一时。

“裸裙”（naked dress）] 给人们带来的幻想和新奇感在相当长的时间内不会消失。据《生活》杂志报道，1937 年 4 月，无肩带礼服占美国正式礼服销量的 1/3。关于如何优雅地穿这种冒险的新款式，时尚记者给出了很多建议。随着 1938 年冬日派对季的临近，一则头条断言：“穿无肩带礼服必须要有一副美肩。”这种款式要求“颈部美丽、优雅，肩部光滑、白皙、完美、圆润。如果你打算穿一件无肩带舞裙，那就务必从现在开始改善
101 你颈部和肩部的肤质，并学会像女王一样昂首挺胸”。这篇文章建议用蛙泳来锻炼肩膀和胸肌，因为“这些肌肉支撑着乳房”，但也提醒女性要避免留下泳衣的肩带晒痕，“否则就要把皮肤彻底漂白”。[2]（穿用钢圈加固的无肩带泳衣可以避免留下肩带晒痕。）其他建议包括“每天”擦洗肘部两次，用新鲜柠檬汁美白肘部，在肩膀和手臂上使用粉底或蜜粉。

时尚杂志开始主打介绍为穿无肩带礼服而设计的发型——把前面的头发向上梳以露出脸颊和脖颈。无肩带礼服是展示夸张项链的理想选择，但不建议脖子短的女性穿这种礼服。花商为如何在无肩带礼服上佩戴胸花大伤脑筋，于是腕花就诞生了。完美的姿态是必不可少的，肩膀和脊柱都不能松垮；完美的贴合也是至关重要的。《生活》杂志解释道：“无肩带连衣裙价格不菲，因为每一件都必须恰到好处地包裹穿着者的身体。”因此，它们既是地位的象征，也是性感的符号。即使是定制的无肩带连衣裙，对于一个胸部过大或者过小的穿着者来说也很难穿出效果。根据《路易斯维尔信使杂志》（*Louisville Courier-*

Journal）的专栏作家雷亚·塔利（Rhea Talley）的说法：“对无肩带而言，严峻的考验是：旁观者是否太过关注防止走光的技术，如果是，那么就请改穿有肩带的连衣裙。”上臂较粗的女性应回避这种款式。

与无肩带连衣裙展示的东西同样重要的是它们隐藏的东西。无肩带款式引发了内衣领域的一股创新热潮。虽然束带胸衣（bandeau bras）已经在市场上销售，但它们毫无用处，因为 102
它们把支撑紧身胸衣所需的轮廓压平了。新型的无肩带、露背、低胸文胸被称为“晚装文胸”（evening brassieres）。早在1936年，女性就可以购买三向可转换文胸，“这种文胸的缎面肩带可以调节，以便带着肩带在白天穿……也可以完全摘掉肩带，在其外面穿无肩带晚礼服……这是一件真正实用的魔术服装”。[3]《纽约时报》的时尚评论家伯纳丁·莫里斯（Bernadine Morris）将这款“快乐寡妇”（Merry Widow）形容为“一种超级文胸，长度延伸至腰部，紧紧地夹住腰部，覆盖臀部上方，并有长长的吊袜带以与丝袜相连”。这种文胸的灵感来自拉娜·特纳（Lana Turner）在1952年的同名电影音乐剧中所穿的服装，该剧改编自弗朗兹·莱哈尔（Franz Lehár）1905年的轻歌剧。这种文胸比胸罩长，因此提供了更多的支撑，即使在女性穿低背裙子时也是如此。《生活》杂志在1938年7月声称，这些高科技的内衣（加上一些低科技的技巧，如医用胶带）“使不同年龄和身材的女性在穿上无肩带晚礼服后看起来像穿着无肩带晚礼服的牧羊女——细腰、高胸、露肩”。

尽管有这些塑形的配套装备，但要穿好无肩带连衣裙却是一项挑战，因而那些好莱坞年轻女演员率先穿出无肩带连衣裙或许并不奇怪，她们都拥有漂亮的身材和随时待命的化妆师。但这种款式很快与另一个拥有身材优势、着装大胆的群体联系在一起：十几岁的少女。事实上，无肩带连衣裙的历史更多地属于这些年轻女性，而不是性感的银幕美女。当丽塔·海华丝（Rita Hayworths）、吉娜·劳洛勃丽吉达（Gina Lolobrigidas）和玛丽莲·梦露这样的明星穿着曲线优美、违背地心引力的紧身连衣裙时，初入社交界的富家少
103 女（debutantes）和舞会皇后则身着裙摆宽大柔美、带有纯白或浅色花饰的露肩无肩带礼服，翩翩起舞。1938 年 5 月，《纽约太阳报》（*New York Sun*）的时尚编辑凯·托马斯（Kay Thomas）评论道："令人惊讶的是，一件无肩带的白色礼服是最令人印象深刻的，可能是因为它给人一种纯真的感觉。"

梅因布彻也许是无肩带礼服的先驱，但 17 岁初入社交界的少女布伦达·弗雷泽（Brenda Frazier）更值得称赞。弗雷泽穿着淡粉色天鹅绒无肩带礼服登上了 1938 年 11 月 14 日的《生活》杂志封面，让无肩带礼服成为晚装的主打。当时的场合是纽约的天鹅绒舞会，这是 1938 年社交季的第一场大型派对，于 10 月 28 日在华尔道夫-阿斯托里亚酒店（Waldorf-Astoria Hotel）的大宴会厅举行。这场一年一度的慈善筹款活动同时也是服装行业贸易组织天鹅绒协会（Velvet Guild）的宣传活动。

1938 年，初入社交界的布伦达 · 弗雷泽（Brenda Frazier）身着一件淡粉色天鹅绒无肩带礼服为《生活》杂志拍摄了封面照片。
Getty Images

当然，所有的黛比*都穿着天鹅绒礼服，女嘉宾们还收到了夏帕瑞丽捐赠的派对礼物——带有香水瓶的天鹅绒心形项链。弗雷泽是初次亮相委员会 (Debutante Committee) 的主席，她原计划穿着具有心形领口、抽褶短袖的红色天鹅绒连衣裙出席，但在最后一刻她改变了主意，选择了无肩带礼服。所有的黛比都穿着宽下摆的裙子，一位百老汇导演为这一场合精心编排了一出《裙底圆舞曲》(*Hoopskirt Waltz*)。《生活》杂志承认，这场门票售罄的活动为慈善机构净赚了 1.2 万美元，但“对于初入社交界派对的传统目的——把合格的年轻男子介绍给适婚的女子，这可能是一个失败的活动。纽约的生活节奏如此之快，大多数活跃在商界的年轻人都没有时间参加这种社交派对。而现在单身汉队伍中的男大学生和刚毕业的大学生大部分都没有工作”。然而，作为一个时尚时刻，这是一个绝对的成功。

104 初入社交界派对是象征性的婚礼，将年轻女性引入婚姻市场，同时也广而告之她们对社会和性的渴望。少女在初次正式亮相时穿的无肩带礼服几乎都是白色的，不过在其他场合也可以穿浅色礼服，这种礼服昭示的是与成为新娘相称的身体成熟
105 和道德纯洁，它长而宽的裙摆显得端庄，也适合黛比在舞会上跳华尔兹舞、沙龙舞和其他正式舞蹈。在 1936 年和 1937 年的初入社交界派对季，无肩带礼服首次出现；就在它的人气达

---

* 系 debutante 的缩写，人们出于对这些女孩子的喜爱，将其简称为 deb，音译为“黛比”。

到顶峰的时候，弗雷泽的名字成为这种款式的代名词。除了登上美国最受欢迎杂志的封面外，弗雷泽还穿着一件白色无肩带礼服为 1938 年 7 月号的《时尚芭莎》拍摄了照片。9 月，她身着一件黑色塔夫绸无肩带礼服出席了艾尔摩洛哥俱乐部（El Morocco）* 的开业典礼，这件礼服被《纽约每日新闻》社会专栏作家南希 · 伦道夫（Nancy Randolph）称为"一件能让人保持活力的作品"。10 月，在文森特 · 阿斯特夫人（Mrs. Vincent Astor）为音乐家紧急基金（Musicians' Emergency Fund）举办的派对上，弗雷泽穿了一件黑色天鹅绒和天蓝色缎面的无肩带礼服。在同月举行的燕尾服舞会（Tuxedo Ball）上，"几乎每个初入社交界的少女都穿着一种又宽又大、鼓起的裙撑（crinoline)**，这凸显了其沙漏般纤细的腰部，而礼服上身没有肩带，低领露肩。最可爱的人是布伦达 · 弗雷泽……当季的'魅力女孩'（glamour girl)"。[4] 11 月，媒体发现弗雷泽穿着白色缎面无肩带礼服在彩虹餐厅（Rainbow Room）跳舞。同月，她穿着一件黑色天鹅绒无肩带礼服为《时尚》杂志拍摄了照片，并穿着"一件蓬松式贝壳粉天鹅绒无肩带礼服"参加了一个朋友在华尔道夫 - 阿斯托里亚酒店星光屋顶（Waldorf-Astoria's Starlight Roof）举办的初入社交界派对。这是一家顶层晚餐俱乐部，屋顶可伸缩。据社会专栏作家伊内兹 · 罗

* 20 世纪纽约的重要社交场所，经常光顾的都是时尚界、政界、娱乐界人士。

** 风靡于 19 世纪的克里诺林式裙撑。

伯（Inez Robb）报道：其低领口的礼服显露出“一条钻石项链，除了威廉·伦道夫·赫斯特夫人（Mrs. William Randolph Hearst）的外，比其他任何人的项链都耀眼”。他补充说：“佩戴钻石的黛比们是今年社交舞台上的新亮点。”

尽管弗雷泽要到12月才正式进入社交界，但她已经被
106 媒体称为“当季最佳黛比”；八卦专栏作家沃尔特·温切尔（Walter Winchell）创造了“名流黛比”（celebutante）一词来形容她，这个新词后来被用来形容帕丽斯·希尔顿（Paris Hilton）。《生活》杂志的封面故事解释说：“现代纽约初入社交界的少女已经像扇子舞舞者或新发型一样被大肆宣传和商业化了。这是有原因的。”虽然黛比的社交圈曾经仅限于超级富豪，即众所周知的“400人”，她们可以进入阿斯特夫人的舞厅，但“大萧条后初入社交界的少女不仅仅被介绍给她家人的亲密朋友或纽约的富豪，为了慈善机构组织者、全国广告商和百货公司高管的利益和快乐，她们还被介绍给公众”。尽管上流社会的大门仍然对外界关闭，但借助贪婪的媒体，外界有史以来第一次可以透过窗户看到上流社会的一角。

上流社会已经不再是阿斯特夫人时代的模样了。弗雷泽可能就读的是正统的学校——沙潘学校和波特女子高中（Chapin and Miss Porter's）*，但她出身新贵，而非老牌贵

* 两所学校均为顶尖美国女高。沙潘学校位于纽约曼哈顿，波特女子高中在康涅狄格州。

族。伯根在《晚间记录》（*Evening Record*）中开玩笑说：
“虽然她并不是最富有的”初入社交界的名媛，但“她却是年
度捐款最慷慨的人”。该评论还配上了一张颇有暗示意味的
照片，照片上的弗雷泽身穿一件无肩带礼服，拍摄于10月
的铱星屋（Iridium Room）夜总会开业典礼上，这张照片
是从头顶角度拍摄的（她的约会对象被巧妙地剪掉了）。就
纽约的富豪阶层而言，弗雷泽在炒作方面的天赋进一步证明
了她的局外人身份，但这只会让她对崇拜她的大众更具吸引
力。社会专栏作家乔利·尼克博克（Cholly Knickerbock-
er）表示：“她属于喜爱她的公众，仿佛她是一个‘电影’明
星或歌剧天后。”据合众社（United Press）报道，12月
29日，在她的第一个社交季结束时，“一个魅力专家评审
团”将弗雷泽评为“1938年11位魅力国王和女王”之一，
与她并列的还有温莎公爵（Duke of Windsor）、海蒂·拉 107
玛（Hedy Lamarr）、奥逊·威尔斯（Orson Welles）和
贝蒂·戴维斯（Bette Davis）等名人。作为评委之一，八
卦专栏作家艾尔莎·麦克斯韦尔（Elsa Maxwell）断言：
“弗雷泽让美国初入社交界的少女成为当今最具吸引力的年
轻女性。”

无肩带连衣裙是这种新型名媛的恰当象征，她们看似不凡的风度和完美身材永远展现在公众面前。而这位少女，相应地，成了年轻女性无可挑剔的时尚榜样，年轻女性迫切需要这样的榜样。“青少年”（teenager）一词已经被用在时尚

营销中，但它通常伴随着模特的插图，模特有着少女般的面孔，穿着孩子气的碎花连衣裙——与其说是青少年，不如说是少年。在这个群体和日益重要的“大学生”群体之间没有中间地带。20 世纪 30 年代，上大学的女性数量达到了前所未有的水平，尽管她们的目标往往是成为更好的妻子和母亲，而不是拓展她们的职业前景。《法兰西小姐》（*Mademoiselle*）杂志创刊于 1935 年，目标受众是 18 岁至 34 岁的大学生和应届毕业生，最初希望成为一本时尚杂志和文学杂志。弗雷泽的名声将她这张甜美但老练的面孔带到迅速增长的青少年消费群体眼前。美联社时尚编辑阿德莱德 · 科尔（Adelaide Kerr）在 1938 年 11 月发表了一篇题为“少女服装具有初入社交界名媛的时髦”（Clothes for Tean-Age Girls Have the Chic of a Debutante）的报道。科尔写道，“那个问题儿童——那个十几岁的女孩……不再是时尚孤儿”，而是“一个凭借自身的努力获得成功的人”。

弗雷泽利用自己的名气发展了模特事业，与霍华德 · 休斯（Howard Hughes）有过一段感情，还参加了好莱坞的试
108 镜。有人为她设计了一款香水，连环漫画《布伦达 · 斯塔尔》（*Brenda Starr*）中的“布伦达”也源自她的名字。她嫁给了同为名流的前职业橄榄球运动员约翰 ·“沉船”· 凯利（John “Shipwreck” Kelly），后又离婚。在后来的生活中，她与饮食失调和抑郁症做斗争，并开始后悔自己早年的恶名，她悲伤地回忆 1938 年：“那一年我是一种时尚——就像侏儒高尔夫球或

者坐旗杆*曾经是一种时尚一样。”[5]或许，无肩带连衣裙的确是一种时尚。

由于第二次世界大战爆发，无肩带礼服热潮过早结束了。宽肩、军旅风格开始盛行。用于制作宽下摆长裙的布料非常稀缺，支撑无肩带连衣裙的“骨”制作所需的金属也是如此。直到二战结束后，时尚界才重拾这一款式，在丽塔·海华丝的推动下，这种款式的销量飙升。在1946年的电影《吉尔达》（*Gilda*）中，海华丝身着让·路易斯（Jean Louis）的无肩带黑色缎面紧身裙载歌载舞，这件裙子的灵感来自约翰·辛格·萨金特的肖像画《X夫人》（见第3章）。海华丝为礼服搭配了黑色缎面长手套，手套的末端正好在领口处，视觉上拉宽了肩部，提高了胸部。礼服贴身的裙摆开衩至大腿，更加暴露了海华丝的身体。当海华丝将双臂举过头顶却没有上身走光时，她给了世界各地的女性解开肩带的信心。[她的红头发和妩媚动人的连衣裙为另一位标志性的无肩带女妖——卡通女歌手兔子杰西卡（Jessica Rabbit）提供了灵感。] 电影在情人节首映，两个月后，联合报业企业协会（Newspaper Enterprise Association）的埃普西·金纳德（Epsie Kinard）报道说：“巴黎和好莱坞都屈从于露肩、露背和露部分胸部的几乎无上装礼服的诱惑……这些礼服的上装实在是暴露过度，但下裙用了 110

* 一种在20世纪20年代从好莱坞兴起的消遣方式，一个人爬到一根高耸的旗杆的顶端（通常在城市的中心），并通过坐在上面测试他们的耐力，测试他们的身体能支撑多久。

109

丽塔·海华丝在《吉尔达》(1946)中推动了战后无肩带风格的发展。
电影数据库(Ned Scott)/Columbia Pictures / Photofest

几码长的漂网、层叠的薄纱、华丽的刺绣、一簇簇羽毛和一团团羽饰，这足以弥补上装的不足。”

服装设计师威廉·特拉维拉（William Travilla）在1953年的电影《绅士爱美人》（*Gentles Prefer Blondes*）中为玛丽莲·梦露设计了一件亮粉色缎面无肩带礼服，梦露在演唱《钻石是女孩最好的朋友》（*Diamonds Are a Girl's Best Friend*）时借鉴了海华丝的手套搭配技巧。但是彩色电影摄影技术（Technicolor）的色调确保了这两款经典造型之间不会出现混淆。特拉维拉用硬毡给缎面礼服做衬里，以使礼服保持它的形状，礼服背后巨大的蝴蝶结突出了梦露的每一次摇曳。在费德里科·费里尼（Federico Fellini）1960年执导的《甜蜜的生活》（*La Dolce Vita*）一片中，安妮塔·艾克伯格（Anita Ekberg）穿着意大利设计师费尔南达·加蒂诺尼（Fernanda Gattinoni）设计的反重力无肩带黑色天鹅绒连衣裙，在罗马的许愿池中嬉戏，这一仿若美人鱼的场面激发无数人去致敬和模仿，并将之运用到广告中，其中包括一个佩罗尼（Peroni）啤酒广告。

然而，重新审视20世纪50年代的无肩带复兴风潮，不禁让人回想起这种时尚的上流社会起源。端庄的露肩设计和适合参加沙龙舞会的宽裙摆，使无肩带礼服看起来既年轻又淑女——尤其是以纯洁的白色为礼服基调的时候，比如奥黛丽·赫本在1954年的电影《龙凤配》（*Sabrina*）中穿的纪梵希金色刺绣礼服，或者格蕾丝·凯利（Grace Kelly）在1955

奥黛丽 · 赫本在 1954 年的电影《龙凤配》中穿着由纪梵希设计的无肩带金色刺绣礼服。
Wikimedia Commons

年的《捉贼记》（*To Catch a Thief*）中穿的由伊迪丝·海德设计的雪纺礼服（见彩插图 14）。凯利的服装是为了展示抢劫阴谋的核心——钻石项链而设计的。海德在回忆录中写道："在定焦画面中，必须有足够多的布料露出来，这样观众才能知道（她穿了衣服）。这听起来可能很简单，但其实不然。"

无肩带礼服并不总是意味着性感；根据形状、颜色和款式的不同，它也可以成为适合公主、政客的妻子和新娘穿的温婉之装。1951 年，阿根廷第一夫人伊娃·贝隆（Eva Perón）在布宜诺斯艾利斯科隆剧院（Teatro Coló）举行的一场晚会上 111
穿着一件白色无肩带薄纱迪奥礼服，这是一件真正的礼服，在安德鲁·劳埃德·韦伯（Andrew Lloyd Webber）的音乐剧《埃维塔》（*Evita*）中作为一件标志性舞台服装重新登场。同年，伊朗公主索拉雅（Soraya）在与沙·穆罕默德·礼萨·巴列维（Shah Mohammad Reza Pahlavi）的婚礼上选择了一件银白色无肩带迪奥礼服和配套外搭。

第一位拒绝肩带的美国第一夫人是玛米·艾森豪威尔（Mamie Eisenhower），1952 年 5 月，她在巴黎买了一件雅克·海姆（Jacques Heim）的无肩带礼服——"在黑网的基础上加绣奶油色的尚蒂伊（Chantilly）蕾丝"，配上"巨大的泡沫裙摆"。此时她的丈夫在巴黎担任北约指挥官，还未参加竞选。[6] 美联社称这位具有时尚意识的第一夫人是"罕见的，就像一位穿着无肩带连衣裙的祖母，看起来很美"。因为在当时，这种风格已经开始被认为是年轻人的时尚。

玛米·艾森豪威尔的无肩带刺绣礼服。
Wikimedia Commons

1951 年 5 月，在伦敦的一场音乐会上，玛格丽特公主（Princess Margaret）成为第一位在公众场合穿无肩带礼服的英国王室成员，因此成为头条新闻。尽管其他杰出女性都很喜欢这种款式，但对于公主来说，这还是一个有争议的选择，正如国际新闻社（International News Service）所言：这“会让古板的维多利亚女王（Queen Victoria）震惊得晕过去”。迪奥为玛格丽特设计的第一件礼服是一件无肩带薄纱礼服，后面有一个大缎面蝴蝶结——他体贴地“送去了可以随意添加到礼服上的小薄纱肩带”和“一条包裹肩部的薄纱披肩”。[7]（这件礼服是她的最爱，她在庆祝21岁生日时穿上了它。）

1955年，在皇家加勒比之行期间，玛格丽特穿着一件粉色缎面无肩带礼服，偷偷去牙买加参加了一个舞会，《女性周日镜报》（*Woman's Sunday Mirror*）批评了她对低领口的一贯喜好。但在1965年11月白宫为公主举行的晚宴上，女主人 112
伯德·约翰逊夫人穿了一件无肩带礼服。当晚最受关注的服装属于另一位客人——亨利·福特二世夫人（Mrs. Henry Ford II），据《华盛顿星报》（*Washington Star*）的社会专栏作家贝蒂·比尔（Betty Beale）的报道，她穿了一件“白色低胸无肩带紧身礼服——领口开得太低了，她时不时地要把上衣向上提拉，但有一次动作慢了”。

查尔斯·詹姆斯出生于英国，曾在伦敦梅菲尔区（Mayfair）的工作室里为英国精英人士设计服装。二战开始时，他将自己的时尚事业转移到美国。他接受过建筑师和工程师的训练，将服装制作视为科学和诱惑（见第4章）。《时尚》杂志曾称：“在制作紧身胸衣方面，没有比詹姆斯更伟大的大师了。”无肩带礼服是詹姆斯所说的“时尚工程”的终极实践。他1938年设计的“伞裙”是第一件带有单独无肩带紧身底衣的无肩带礼服——底衣面料采用了硬质罗缎。[8]他1951年设计的雪纺无肩带“天鹅”礼服需要30层布料和近100块服装样板。但他的杰作是奥斯汀·赫斯特（Austin Hearst）为参加艾森豪威尔

玛格丽特公主在 1951 年 5 月一场伦敦的音乐会上穿着无肩带礼服。
Wikimedia Commons

总统 1953 年的就职舞会委托其设计的无肩带缎面和丝绒“三叶草”（Clover Leaf）舞会礼服，为悬臂四褶裙。由于工艺上的复杂性和詹姆斯根深蒂固的完美主义，礼服没有在 1 月的就职典礼前完成，赫斯特转而穿着它参加了 6 月英国女王伊丽莎白二世的加冕舞会。

“三叶草”舞会礼服的重量接近 15 磅，但由于其内部支撑采用了詹姆斯在短暂的女帽制作生涯中使用过的材料，如羽骨、尼龙网、硬布和马尾织带等，“三叶草”舞会礼服才便于穿着。一件单独的紧身底衣使躯干保持完美的定位；波浪形的腰线将这条宽大挺括的裙子的重量均匀地分布在髋骨上；紧身上衣在 113
腋下微微向上弯曲，然后向后倾斜；詹姆斯甚至改了礼服的样式，将腋下的部分缩进，以贴合胸部的自然线条，这样他的衣服就不会在腋下皱成一团。[9] 他对无肩带连衣裙的巧妙处理，使其褪去了好莱坞式的性感魅力，升华为“雕塑”；他的衣服十分硬挺，即使没有人穿，也能立起来。

但詹姆斯定制的、经过精密加工的礼服太稀有，也太昂贵了，无法对时尚产生广泛的影响。再一次，无肩带风潮由一位初入社交界的少女所推动，她就是 17 岁的伊丽莎白 · 泰勒（Elizabeth Taylor）在电影《郎心似铁》（*A Place in the Sun*）中扮演的安吉拉 · 维克斯（Angela Vickers）。服装设计师伊迪丝 · 海德表示，在泰勒饰演的角色与男主角蒙哥马利 · 克利夫特（Montgomery Clift）相遇的关键性初入社交界派对场景中，“礼服非常重要且必须是白色的”。它还必须经得

奥斯汀·赫斯特为艾森豪威尔总统 1953 年的就职舞会委托设计的无肩带缎面和丝绒“三叶草”舞会礼服。
Wikimedia Commons

起时间的考验：虽然海德在 1949 年初就完成了服装的制作，但为了避免与 1950 年的《日落大道》(*Sunset Boulevard*)争夺观众和奖项，这部电影直到 1951 年夏天才上映。

海德刻意将重点放在礼服的廓形上，不设计过多细节，这样它就不会很快过时。这一策略的另一个好处是展示了泰勒

伊丽莎白 · 泰勒穿着伊迪丝 · 海德设计的无肩带礼服，在《郎心似铁》(1951)中 114
扮演初入社交界的少女。
Paramount Pictures / Photofest

"完美无瑕"的身材，19 英寸的腰围和理查德·伯顿（Richard Burton）所说的壮观（apocalyptic）胸部。[10]

海德的灵感来源于 1947 年迪奥"新风貌"收紧的腰身和大裙摆，她相信这种服装特点会流行很长时间，"我可以放心地让伊丽莎白穿上大裙摆礼服"（见第 6 章）。这种打扮在真正的初入社交界名媛中很受欢迎：1949 年，在芝加哥名媛初入社交界派对和圣诞舞会上，赞助商马歇尔百货公司将一件用 118 码白色缎面和薄纱制成的迪奥无肩带礼服奖励给为筹款活动募集最多捐助的黛比。[11] 在电影中，海德为泰勒设计了一件白色薄纱礼服，心形领口处点缀着立体的白色天鹅绒紫罗兰花。她说："有花不会显得过时。并且花朵可以使胸部看起来更加丰满。"丰满的胸部和宽大裙摆的组合突出了腰部，使它看起来比原来更细。泰勒梳着短发，露出肩膀；就像她在其他派对场合中那样，她没有戴项链、手套或围巾。"我让你紧张了吗？"泰勒问克利夫特。"是的。"他代表在场的所有男人回答道。

在第二次世界大战期间，黛比的社交活动逐渐放缓到停滞状态。随着越来越多的女性进入职场和军队，黛比越来越被视为无用之人，反正她们的男伴大多已入伍。但这一传统在 20 世纪 50 年代又卷土重来，因为饱受战争蹂躏的国家在这种社交仪式中找到了慰藉和稳定，这种仪式不再局限于大都会上层精英阶层，扩展到了全国各地的中产阶级郊区，在黑人社区也出现了类似（但不同）的活动。[12] 这些初入社交界的新人倾向于在学习大学课程的同时兼顾社交生活和慈善工作，她们出现在有组织的沙龙舞会上，而不是私人舞会上。她们仍然穿着无肩带礼服。

泰勒的白色薄纱无肩带礼服成为好莱坞历史上被仿制最多的礼服之一。尽管她在电影中还穿了其他无肩带礼服，但独特的紫罗兰花饰和场景中的性张力使它成为经典，立即被晚装制造商山寨并“批量生产，挂在全国的每一家百货商店”。
海德凭借这部电影第三次获得奥斯卡奖，她回忆说：“我的一 116
个年轻朋友说，在影片上映时，她参加了一个派对，出席派对的还有 17 位身着白色紫罗兰花饰礼服的‘伊丽莎白 · 泰勒’。”你不需要有泰勒的身材也能穿这种礼服，这多亏了“黄蜂”（waspies）——束腰的紧身胸衣，打造出蜂腰和沙漏形曲线——还有聚拢胸衣［虽然不是新发明，但钢圈胸衣在战后变得更便宜、更舒适。1955 年，“神奇胸衣”（Wonderbra）牌文胸在美国注册了商标］。如果没有天鹅绒紫罗兰花饰，雪纺和蕾丝的饰边及褶皱也可以掩盖平坦的胸部。伦敦设计师詹妮 · 艾恩赛德（Janey Ironside）曾为 20 世纪 50 年代初在白金汉宫（Buckingham Palace）参加舞会和出席招待会的黛比们设计服装。她在自传中回忆道：“80% 的舞会礼服都是紧身无肩带上衣和又长又宽的裙摆。最上面一层通常是欧根纱或其他轻薄面料，下面的（至少）三层网状面料聚拢至腰部直至腰带可容纳的最大限度……礼服的存放是一个问题……这个庞然大物仿佛巨大的白色泡芙球，令我们无法挪动它。”[13] 艾恩赛德将这股风潮归咎于迪奥的影响，而宽大的裙摆无疑带有他的印记。

然而，是伊丽莎白·泰勒（以及在她之前的布伦达·弗雷泽）让无肩带礼服成为黛比的代名词的。

正如媒体宣传的那样，《郎心似铁》标志着泰勒从童星向“派拉蒙靓丽少年”的转变。她似乎彰显了整整一代人的精神。“青少年”这个词在 20 世纪 50 年代以前鲜有人使用，但现在突然成了每个人的口头语。1957 年 11 月，《大都会》（*Cosmopolitan*）杂志惊叹道：“这些青少年成了我们的购衣指南。她们是很多设计和风格的灵感源泉，引领了无数风尚潮流，以至于可以把她们看作一支庞大的、坚定的蓝色牛仔冲锋
117 队，迫使我们所有人严格按照她们的要求行事。”[14] 20 世纪 40 年代的“新潮女郎”(bobby-sorers) 在此时构成了一股不可忽视的营销力量。战后的繁荣赋予她们消费能力，汽车拥有量的增加使她们的流动性和独立性增强。1951 年 5 月，《圣路易斯环球民主报》（*St. Louis Globe-Democrat*）解释道：“现在的青少年比她们的父母有更多的自由，因此也具有更多的选择。工业界承认她们是成年人，为她们设计特殊的时装；传媒界出版了许多书和杂志，为她们提供专门的娱乐和启蒙。”十几岁的女孩不再像孩子、母亲或大学生姐姐那样打扮，而是发展出了一种介于这几个年龄段之间的独特的品位和风格，这一过程被新一批以青少年为重点主题的杂志记录了下来，如《十七岁》（*Seventeen*）、《美国小姐》（*Miss America*）、《少女芭莎》（*Junior Bazaar*）和《黛比》（*Deb*）。

高中毕业舞会（high school prom）是 20 世纪 50 年代

大多数青少年最接近初入社交界舞会的场合，它是象征性进入婚姻市场的一种民主化形式，这种形式是伴随着 20 世纪上半叶美国高中义务教育的出现而出现的。[15] 对于许多青少年来说，这是他们第一次穿正装，第一次跳慢舞，第一次坐豪华轿车；许多毕业舞会都会加冕“舞会国王”和“舞会皇后”，这为时装秀增添了竞争的元素。通常在春天举行的毕业舞会，既是一个开始，也标志着一个结束，因为毕业班以此庆祝即将到来的毕业。无肩带礼服长期以来都与初入社交界的少女联系在一起，在 20 世纪 50 年代成为高中毕业舞会的首选，《纽约时报》曾预言：穿上它，“‘丑小鸭’和瘦弱的少年都可以变成白天鹅”。[16] 泰勒本人也将她的伊迪丝·海德礼服作为毕业舞会礼服：作为 118
宣传噱头，派拉蒙公司奖励了一位加州大学洛杉矶分校的学生与泰勒“约会”，让他与泰勒在摄影棚片场参加“毕业舞会”。

然而，同样的款式，穿在布伦达·弗雷泽这样富有的社交名媛或伊丽莎白·泰勒这样优雅的天真少女身上会得到仰慕和称赞，穿在一个郊区的少女身上很可能就会被诋毁为有伤风化或不合适，尤其是如果她的身材不太完美的话。暴露过多的肌肤与基督教自伊甸园时期以来的庄重理念水火不容，天主教徒反对这种“不正派”的款式。摩门教徒也对此表示谴责：在 1951 年杨百翰大学（Brigham Young University）的一次演讲中，斯宾塞·W. 金博尔（Spencer W. Kimball）长老批评“我们年轻女性的穿着不端庄”，特别提到了无肩带的款式。台下有个大二学生，名叫伯莎·克拉克（Bertha Clark），她已经为即将到来的学校正式舞会购买了一件无肩带连衣裙。她回忆说："我的裙子很漂亮，但它不是'金博尔化'（kimballized）的，所以我买了一件小上衣，可以搭配它穿。我的大多数朋友都把她们的衣柜'金博尔化'了。"[17] 1954 年，驻德美军的妻子和女儿被禁止在基地穿无肩带连衣裙。当这种风格在 15 岁生日会（quinceañeras）和受诫礼（bat mitzvah）* 上流行起来时，在社会上引发了进一步的争议，因为成人礼是为更年轻的女孩举行的成人庆典，其中包括一种宗教仪式。

一名高中生写信给艾米丽·波斯特（Emily Post），抱怨她的母亲觉得她太小了，不能穿无肩带礼服去参加舞会。"我看不出有肩带和无肩带有多大的区别！肩膀上多一条小肩带有什么了不起的！"她抗议道。这位礼仪专栏作家回答说："我亲身经历了 50 年的时尚变迁，在我看来，无肩带礼服是以往所有种
119 类的服装中对美最具破坏性的。胸前别一条毛巾从来不被认为能美化胸部线条。"很明显，波斯特回避了无肩带礼服是否适龄的问题，只是谴责它们有损形象。但是，连同其他青少年的恶习，如化妆、吸烟、开改装的高速汽车以及玩摇滚音乐，它们引发了关于青少年应该如何成长的激烈辩论。

对于十几岁的女孩来说，穿无肩带连衣裙是一种成人仪式，

---

* 犹太成年礼，在希伯来语里是"诫命之女"的意思。当一个犹太女孩年满 12 岁时，她就拥有一个犹太成年人的所有权利和义务，包括遵守《摩西五经》的戒律。从那天起，她在犹太社区就有了自己的位置。受诫礼通常以创意项目、有意义的聚会和欢乐的派对等形式来庆祝。

就像买训练文胸一样令人兴奋，原因是一样的：这意味着她们
终于拥有了乳房。也许那些玲珑的乳房无法与伊丽莎白·泰勒
的丰满双乳相媲美，但它们已经发育了，没有什么比一件似乎
只靠它们支撑的裙子更能有效地彰显它们的存在了。尽管男孩
可能会为参加学校舞会第一次系领带或穿燕尾服，但这些时尚
标志并不代表身体的成熟和个人品位。无肩带连衣裙则是女性
身体、时尚和身份的典范。1956 年，《美国女孩》（*American
Girl*）杂志刊登了一则戈勒姆（Gorham）餐具广告，描绘了一
个身穿无肩带连衣裙的少女凝视着一面镜子，镜子上装饰着钱
包大小的少男照片。广告词写道：“女孩什么时候才能长大？”[18]
在那个年代，许多女性——包括泰勒和同为少女偶像的娜塔
莉·伍德（Natalie Wood）在内——都在不到 20 岁就结婚了，
因此这是一个紧跟时事的问题。虽然许多妇女在战争期间推迟
结婚，但新娘的平均年龄在 20 世纪 50 年代有所下降。一个十
几岁的女孩是一个在成熟身体里的孩子，还是一个即将成年并
步入婚姻殿堂的女人？少女及她们周围的人都空有理论但却没
有答案。轻薄精巧的无肩带派对连衣裙体现了天真与老练之间 120
的脆弱平衡。

与之相称的是，婚纱也开始采用无肩带设计，不过新娘通常会在宗教仪式上加一件配套的短上衣。1951 年 8 月，艾米丽·波斯特在她的礼仪专栏中强烈反对这种滑稽行为，她说：“在教堂里穿无领的衣服是不合适的……穿无肩带礼服就像新郎穿短裤一样不可思议！”虽然在大萧条时期，民间仪式变得更

加普遍，但大多数婚礼仍然在基督教堂和犹太教堂举行，在教堂里戴帽子和手套是常规，而裸露肩膀和乳沟则是不合规的。1953 年，北卡罗来纳西牛津浸信会（West Oxford Baptist Church）的教众投票同意举行一场伴娘穿无肩带礼服的婚礼，牧师因此辞职。这种款式的粉丝认为，无肩带婚纱和伴娘礼服很实用，因为它们可以作为晚礼服再次派上用场。但反对的声音仍然存在。1961 年，咨询专栏作家安·兰德斯（Ann Landers）宣称："新娘不应该穿无肩带礼服。传统的新娘礼服都是长袖的，无论是夏季还是冬季。" 1964 年 5 月，波斯特仍然没有松口："新娘穿无肩带礼服很没有品位。" 使礼仪专家心悦诚服地对无肩带婚纱表示接受需要一代人［加上《时尚》编辑出身的婚纱设计师王薇薇（Vera Wang）］的努力。20 世纪 90 年代，随着婚礼变得越来越世俗，也越来越时尚，很难找到一件不是无肩带的婚纱。但即便如此，如果新娘在基督教堂或犹太教堂结婚，还是会被提醒要用披肩或短上衣遮盖。

一场婚礼引发了一场涉及两件无肩带礼服的诉讼。1953
121 年，美联社报道称，一名伦敦裁缝起诉艾琳·邦斯坦（Irene Bonstein）和梅维斯·梅尔卡多（Mavis Mercado），因为她们没有为她们的无肩带伴娘礼服付款。客户们提出了反诉，称不合身的礼服给她们带来了"精神痛苦"，因为没有衬里的紧身上衣会与皮肤摩擦，以至于她们无法在婚宴上跳舞。威尔弗里德·克洛蒂埃（Wilfrid Clothier）法官在自己的私人办公室里举行了一场时装秀之后，（真的）裁定邦斯坦和梅尔卡多必须为这些礼服买单，他说：“在任何人看来，礼服没有肩带的支撑都是不牢固的。无肩带礼服是用来吸引男人的，选择这种衣服的女士必须准备好忍受相当多的不适。如果有必要，她甚至必须做好用手支撑上衣的准备。”[19]

也许是由于这些不幸的事件，无肩带连衣裙在 20 世纪 50 年代末“消亡”了。但在 1965 年秋天，随着怀旧风潮的兴起，它又和绑带鞋一起回到人们的视线中。设计师詹姆斯·加拉诺斯（James Galanos）在 8 月对《纽约时报》坦言：“我厌倦了遮盖皮肤。”新的无肩带礼服不是“新风貌”式的蜂腰、大裙摆的舞会礼服，而是“高胸、迷人的筒裙，直垂地面而不强调腰线”。作为第一夫人，杰奎琳·肯尼迪（Jacqueline Kennedy）经常穿着无肩带服装出席国宴和出国访问。文胸制造商争相推出无骨束带文胸来迎合礼服纤细的廓形。其中一位文胸制造商告诉《泰晤士报》（*The Times*）：“女人不想再穿‘快乐寡妇’样式的文胸。”[20]

20 世纪 70 年代，无肩带款式再次复兴，成为更广泛的注重身材设计潮流的一部分。它们由轻薄的面料制成，可以由一根松紧带支撑，而不是由复杂的“鲸骨”固定。到了 20 世纪
80 年代，无肩带款式甚至悄然出现在日装中，不过通常会搭 122
配一件短上衣；然而，许多学校和工作场所立即禁止了这些新款式。

即使在“裸裙”（见第 7 章）盛行的今天，无肩带服装仍然会引发丑闻，尤其是涉及青少年的时候。2013 年，新泽西州

雷丁顿市教育委员会（Board of Education of Readington, New Jersey）支持一位中学校长禁止八年级学生在舞会上穿无肩带连衣裙的决定，因为他们担心裙子“可能会掉下来”，“这样的事情很可能通过社交媒体传播出去”。尽管委员会同意让学生使用透明肩带和单肩带，但家长抗议说，这种着装规定是“武断的、性别歧视的”，尤其是在（女）校长宣布，无论这些裙子是否会导致网络欺凌，都“对男孩来说太分散注意力”之后。[21] 当然，“分散注意力”的不是衣服，而是衣服里的身体。裙子再一次代表了它的穿着者，而着装规定先发制人地惩罚了“让人分散注意力”的女孩，而不是“分散注意力”的男孩。

时尚史学家和法律学者理查德·汤普森·福特（Richard Thompson Ford）认为，在 21 世纪，锁骨已经“不太可能成为情爱兴趣和社会禁忌的对象”。但学校仍继续惩罚穿无肩带款式的衣服，以及穿有肩带和衣领但却露出锁骨的衣服的女生。超短裙、打底裤和紧身牛仔裤也经常成为学校着装规定针对的目标，这些着装规定对女生的影响极大。福特写道：“许多高中着装规定制定的理由是认为女性的身体天生就会让人分散注意力。当高中实施过于严格、歧视性的着装规定时，他们正在做学校最擅长的事情：他们在‘教育’学生……他们以自身的行
123 为来‘教育’孩子通过穿着来辨别坏女孩，并欺凌她们。”[22] 结果，性别歧视的着装规范延伸到了成人世界，在飞机上、餐馆里和职场上，此类着装规范屡见不鲜。就像无肩带连衣裙本身一样，这些着装规范如何岿然不动也是一个谜。

6 124

酒吧套装

重塑战后女性

The Bar Suit: Reinventing the Postwar Woman

1947 年 2 月 12 日，一个寒冷刺骨的早晨，时尚媒体、零售买家、名人（包括丽塔·海华丝）、贵族、大使，甚至王室成员都挤进了克里斯汀·迪奥在蒙田大道（Avenue Montaigne）的高级定制时装店狭小、空气不流通的沙龙里，参加一场将要创造时尚历史的时装秀。消息的口口相传激起了“大众的好奇心”。由于无力承担宣传费，迪奥一直在完全保密的情况下制作他的第一个时装系列，并相信传言会帮他完成其余的工作。这位初出茅庐的时装设计师可能彼时还默默无闻，但他拥有一样经受住了战争洗礼的老牌时装公司所没有的东西——一座新近模仿路易十六风格装修而成的宁静典雅住宅，为服装展示提供了一个素净的背景。白色和珍珠灰色的墙壁上的油漆还未干，地毯也是那天早上刚刚铺上的；“当第一个来访者进入时，实际上听到了锤子的最后一声巨响”。[1]

125 《时尚》杂志编辑贝蒂娜·巴拉德（Bettina Ballard）回忆说：“我无法靠近门口，因为它被人群围得水泄不通。”当她终于挤进去的时候，里面人头攒动、摩肩接踵，观众在楼梯上争抢空间，兴奋之情溢于言表：“我感到一种在高级定制时装店里从未有过的紧张气氛。还没落座的人疯狂地挥舞着名片，生怕有什么东西会剥夺他们的权利。突然，所有的混乱都平息了，所有人都坐了下来，片刻的寂静让我感到皮肤微微刺痛。”[2]

“Défilé de mode”——法语中“时装秀”的意思——直译为“时尚展览”或“时尚游行”，这是对迪奥拥挤沙龙中发生的一切最准确的描述，而不是我们今天所认为的那种拥有戏剧化 T 台展示的时装秀。当时的时装模特被称为“人体模特”（Mannequins），她们慢慢地在房子里走动，偶尔旋转，不露一丝笑容。她们穿梭于坐在镀金椅子或扶手椅上的时尚编辑和买家之间。(《时尚芭莎》的时尚编辑欧内斯廷·卡特指出，就像在凡尔赛宫一样，坐在椅子上的人和坐在扶手椅上的人之间“有很大的等级差别”。[3]）房间里没有音乐，每当一个“模特”（意指衣服）进入房间时，一个叫货员就用英语和法语喊出其名字和编号。

一位设计师回忆道，迪奥的时装秀比传统的高级定制时装秀更生动、更戏剧化，因为模特“优雅的回旋步开创了一种新

1. 1944 年 8 月，女性志愿服务应急部队的女性志愿者们身穿梅因布彻设计的夏季制服访问密苏里号。

Naval History and Heritage Command

2. 1896 年由法国考古队发现的古希腊德尔斐战车手青铜像。
Wikimedia Commons

3. 保罗 · 普瓦雷的新古典主义“约瑟芬”连衣裙，由保罗 · 伊里巴（Paul Iribe）在 1908 年绘制，以约瑟芬皇后的名字命名。
Wikimedia Commons

4. 杰拉尔丁·卓别林在西班牙电影《妈妈一百岁》中穿着她母亲的一件德尔斐长裙，披着披肩。
Photo 12 / Alamy Stock Photo

5. 格雷夫人曾想成为一名雕塑家，把她的希腊风格长袍——比如这件 1962 年的长袍——称为“活雕塑”。

Arthur Tracy Cabot Fund, Museum of Fine Arts, Boston（www.mfa.org）

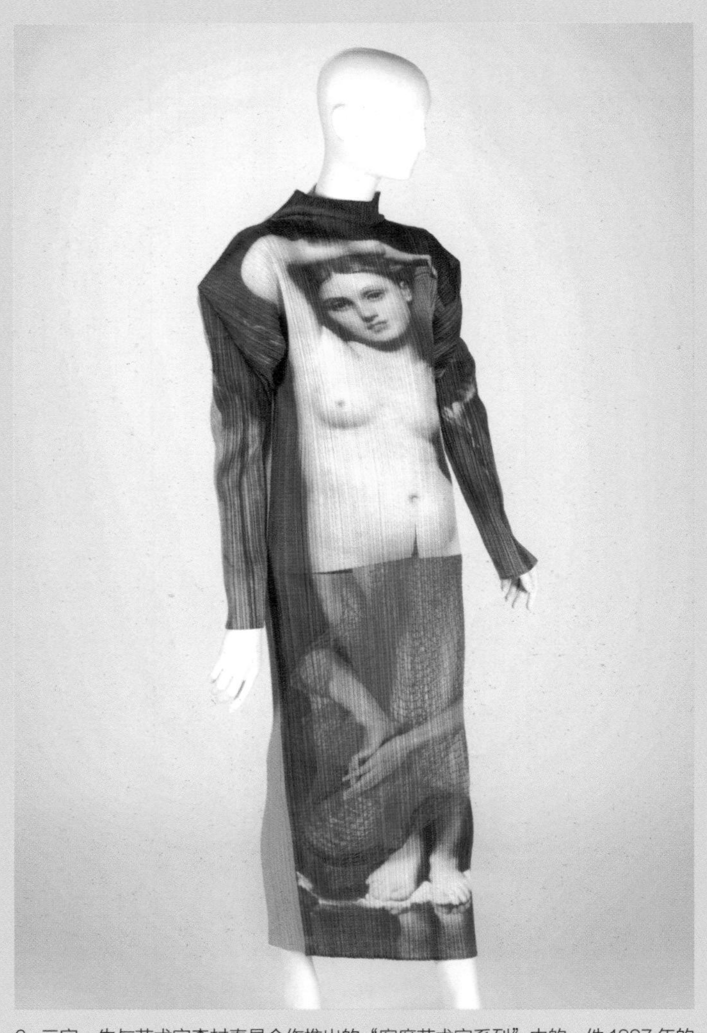

6. 三宅一生与艺术家森村泰昌合作推出的“客席艺术家系列”中的一件 1997 年的连衣裙，上面有安格尔的新古典主义画作和照片，印在三宅一生的褶皱聚酯面料上。Gift of the artist, Rhode Island School of Design Museum [CC0 1.0]

7. 第一夫人米歇尔・奥巴马 2009 年的就职舞会礼服由吴季刚设计，暗示着新的开始，同时唤起了民主的古老传统。
REUTERS / Alamy Stock Photo

8. 在以黑豹为灵感的紧身衣引发争议后，塞雷娜 · 威廉姆斯在 2018 年美国网球公开赛上穿了维吉尔 · 阿布洛与耐克合作定制的芭蕾舞裙，赢得了开创性的胜利。
UPI / Alamy Stock Photo

9. 约翰 · 辛格 · 萨金特创作的肖像《X 夫人》，画像中女子穿着在当时被人们认为“有伤风化”的黑色礼服。
ZoomViewer

10. 玛丽莲·梦露 1959 年在电影《热情似火》中穿着由奥里·凯利设计的一系列饰以流苏和亮片的小黑裙。Wikimedia Commons

11. 伊丽莎白 · 赫莉出席《四个婚礼和一个葬礼》首映式时穿着黑色范思哲礼服。
Tim Rooke / Shutterstock.com

12. 1994 年，戴安娜王妃穿的克里斯蒂娜·斯坦波利安设计的小黑裙成了向皇室复仇的工具。
PA Images / Alamy Stock Photo

13. 查尔斯 · 詹姆斯设计的裹身“的士连衣裙”，穿脱就像乘坐出租车一样方便。

14. 格蕾丝 · 凯利在电影《捉贼记》中穿着由伊迪丝 · 海德设计的雪纺礼服。
Wikimedia Commons

15. 渡边淳弥在他的 2011/12 秋冬成衣系列中将酒吧套装改造为黑色的机车皮夹克和有荷叶边的黑色聚氨酯裙子。
Camera Press Ltd. / Alamy Stock Photo

16. 1951 年，玛格丽特公主在 21 岁生日派对上穿着迪奥的单肩欧根纱礼服拍摄的肖像照。
Wikimedia Commons

17. 莎拉·杰西卡·帕克穿着她在《欲望都市》中扮演角色穿的“裸裙”从片场到VH1时尚典礼的红毯（1997年）。

Getty Image

18. 雪儿在 1974 年纽约大都会艺术博物馆慈善舞会上穿着镶着白色羽毛和闪光珠饰的裸裙。
Wikimedia Commons

19. 1993 年，凯特 · 莫斯在伦敦参加精英模特大赛年度派对时穿着一条闪闪发光的银色透明吊带裙。
Wikimedia Commons

20. 格温妮丝 · 帕特洛在《钢铁侠 3》的首映式上穿着由安东尼奥 · 贝拉迪设计的礼服。

Wikimedia Commons

21. 詹妮弗·洛佩兹在 2000 年格莱美颁奖典礼上穿的一件低胸范思哲轻薄丝质礼服引爆网络。

Featureflash Archive / Alamy Stock Photo

22. 詹妮弗 · 洛佩兹在米兰举行的范思哲 2020 春夏时装秀上穿着升级版绿色礼服。
Wikimedia Commons

23. 女演员妮切尔 · 尼科尔斯称《星际迷航》中尼奥塔 · 乌胡拉中尉的短裙制服是“性解放的象征”。
NBC / Photofest

24. 摄影师们经常把穿超短裙的模特崔姬幼稚化，并配上像自行车、跳绳和玛丽·珍妮鞋等童趣道具和配件。
Getty Images

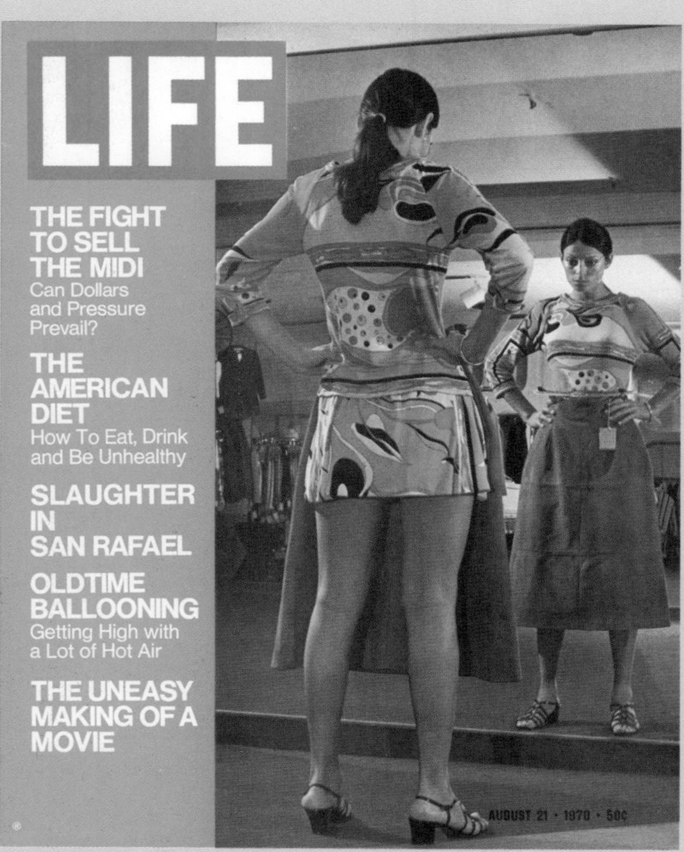

25. 1970 年 8 月，《生活》杂志的封面上演了一场裙摆大战。

John Dominis / The LIFE Picture Collection / Shutterstock.com

26. 1985 年，阿瑟丁 · 阿拉亚为葛蕾丝 · 琼斯试穿了一条“木乃伊”连衣裙。葛蕾丝将穿着阿拉亚设计的衣服在当年上映的 007 电影《雷霆杀机》中扮演反派角色。

Shutterstock.com

27. 1998 年，超模辛迪 · 克劳馥在《时尚》杂志 100 周年纪念派对上穿了一条埃尔韦 · 莱格的“绷带”连衣裙。
Getty Images

28. 在美国总统特朗普 2021 年弹劾案审判的第二天，来自美属维尔京群岛的众议院代表斯泰西 · 普拉斯基特抵达美国国会大厦，担任弹劾案负责人。
Kevin Dietsch / UPI / Shutterstock.com

29. 跆拳道运动员比塔 · 陶法托富阿（Pita Taufatofua）在 2016 年巴西里约热内卢夏季奥运会开幕式上举着汤加国旗，身上涂满了椰子油，只穿了一条树皮布制的塔奥瓦拉（一种传统的波利尼西亚裹裙），成为轰动社交媒体的人物。
REUTERS / Alamy Stock Photo

30. 2014 年变装艺术家托马斯 · 纽伊维尔特身着闪亮的礼服，蓄着浓密的胡须，赢得了 2014 年欧洲歌唱大赛的冠军。
Wikimedia Commons

31. 涅槃乐队主唱库尔特 · 科本在 1993 年 9 月的《面孔》杂志封面上以一件碎花裙搭配胡子和黑色眼线。

The CoverVersion / Alamy Stock Photo

32. 演员比利 · 波特在 2019 年奥斯卡颁奖典礼上穿了一件克里斯蒂安 · 西里亚诺的天鹅绒“燕尾服”。
Everett Collection Inc. / Alamy Stock Photo

的模特时尚”。[4] 当时在观众席中的卡特对这件事的记忆有所不同，他形容“模特傲慢地摆动着她们宽大的裙子”。第一个模特的裙子摆动得太过猛烈，以至于掀翻了点缀在豪华沙龙里的 126
高烟灰缸。卡特打趣道：“在整个沙龙里，你都能看到英国人拽着自己的裙子，试图把裙子拽到膝盖上。模特轻蔑地旋转着，像九柱戏中的球一样朝着烟灰缸移步。”[5] 巴拉德报道说：“随着更多的模特以同样令人兴奋的节奏跳着华尔兹走过，观众意识到迪奥创造了一种新形象。我们见证了一场时尚革命，也见证了一场展示时尚的革命。”[6] 观众中的美国人苏珊·奥尔索普（Susan Alsop）给远在美国的朋友写信，信中写道：“对‘新风貌’的美丽怎么夸张都不为过……里面没有了严肃僵硬的垫肩，取而代之的是柔软圆润的肩线、收紧的腰身、宽大的裙摆，裙摆大约在膝盖以下 4 英寸。”[7] 裙子种类繁多，其中有百褶裙、扇形裙、荷叶边裙，用了多达80码的布料。[8] 一共有90套服装，都具有同样的沙漏形轮廓、柔软圆润的肩线、及地的裙摆。

时装秀结束时，全场爆发出热烈的掌声，迪奥走出来鞠躬致意。他后来回忆说：“只要我还活着，无论我取得什么胜利，都不会超越我在那一刻的感受。”[9] 他并不是唯一一个感到欣喜若狂的人。卡特回忆道：“即使这么多年过去了，我们目睹了数不胜数的时装，但没有什么能比得上迪奥最初的系列。”[10] 巴拉德坦言，观众中一些疲惫的时尚记者“留下来试穿了这些非凡的新衣服，她们穿着刀褶裙转来转去，兴奋不已”。[11]

创造“新风貌”一词的不是巴拉德，而是《时尚芭莎》的

127 编辑卡梅尔·斯诺。(“这真是一场革命，亲爱的克里斯汀！你的设计竟有如此的新风貌！”）值得注意的是，这不是“迪奥风貌”，尽管每个人都知道谁是幕后英雄；这是一种“新”的着装方式，所有女性都能穿，即使她没有高级定制服装的预算。这是厌战的女性渴望追随的时尚，她们不觉得这是一个专横的（男性）设计师强加给她们的。斯诺在她的回忆录中坚持认为：“正是因为女性渴望看起来像个女人，她们才接纳了‘新风貌’。”卡特则给出了更直接的解释：“这种变化源自感觉和氛围的普遍变化。我相信，时装并不是捉弄女人。时装还从未变得如此大众化，也从未设计得如此耐用。高个女人、矮个女人、壮硕女人、娇小女人、年长女人、年轻女人，‘新风貌’适合所有女人。”[12]

当然，“新风貌”实际上是旧造型的复兴。迪奥为罗伯特·皮盖（Robert Piguet）和吕西安·勒隆（Lucien Lelong）的品牌做了多年的设计，二战爆发后，他参军服役，职业生涯随之中断。1941 年 11 月，在战争即将爆发之际，《时尚芭莎》刊登了长裙垂至膝盖以下的图片，并建议读者：“注意裙子的长度。如果你的第一冲动是把它剪短，那你就太墨守成规了。如果你觉得这是对的……你就是未来女性。”在经历了 10 年的战时服装配给制和对口袋、褶皱及荷叶边等浪费布料的装饰限制（在欧洲大部分地区仍然有效）之后，迪奥的系列只是从时尚中断的地方开始前行。迪奥表示：“在游离了这么多年之后，高级时装设计……希望回归其真正的功能，即为女性提

供服装，强化她们的美丽。是时候让时尚界放弃冒险，回归本位了。”迪奥还抱怨说：已经习惯了铆钉女工萝西工作服、多功 128
能服装、旧衣服和男军装的女性“看起来并且穿着打扮都像亚马孙人（Amazons）*”。“但我为花一般的女性设计服装，圆润的肩膀，丰满的胸部，巨大的展开式裙子上的细腰……我按照女性身体的曲线来设计服装，这样就能引起人们对身材的注意。我强调了臀部的宽度，并真正突出胸部。”[13]

很少有女性天生拥有丰满的胸部和细腰；为了让她们的胸部“真正突出”，迪奥的一些模特佩戴胸垫。在第二次世界大战期间，为了节省材料，也为了让从事战争工作的女性感到舒适，文胸基本上取代了紧身胸衣，“新风貌”使紧身胸衣重新流行起来。正如迪奥的那句名言：“没有造型轮廓就没有时尚。”他曾经希望成为一名建筑师，也曾自诩他的服装“像建筑物一样建构，按照女性身体的曲线来设计，使其婀娜多姿”。[14] 观众苏珊·奥尔索普称赞他把“制作精良的盔甲放在连衣裙里，女性甚至不需要穿底衣；紧身上衣可以保证胸部和腰部的尺寸尽可能小，然后是裙撑般的薄纱衬裙，经过硬化处理，其使裙子保持芭蕾舞裙般的蓬松效果，迪奥先生想要以此衬托出纤细的腰肢”。这位设计师几乎所有的裙子都用细麻布或塔夫绸做衬里，以帮助裙子展开——这种技术甚至在战时布料限制之前就被废弃了。通过推行统一的廓形，迪奥创造了公平的竞争环境。巴拉德说，

---

* （古希腊神话中的）亚马孙族女战士；高大强悍的女人。

正是他的“内衬设计使迪奥服装流行起来，因为无论什么身材
129 的女性都能穿，从而为世界各地的女性提供了时尚保证……少数聪明的女性通过穿衣方式影响时尚界的日子已经一去不复返了。迪奥传播了这样一种快乐的想法：每一位穿迪奥连衣裙的女性，甚至是仿制迪奥连衣裙的女性，都是时尚人物”。

“你听说过‘新风貌’吗？”南希·米特福德（Nancy Mitford）* 从巴黎写信给她在英国的妹妹戴安娜（Diana）：“垫高臀部，收紧腰部，裙子长至脚踝，这是天赐之福。”多层的设计还能为穿着者保暖，这对在四处漏风的乡村房子里长大的人来说是一个重要的考量因素。衬垫起到了御寒的作用，而且“现在女人可以穿长度不过膝的短衬裤了”。就像它的前作一样，如环裙、环形箍裙和衬裙，“新风貌”连衣裙彰显了一个人的财富——毕竟面料很贵——同时也提供了身体上的舒适感。就像那些早期的底层结构将女性的腿从层层衬裙中解放出来一样，迪奥让女性摆脱了战争年代窄小及膝的紧身连衣裙的束缚，这些裙子的尺寸由政府决定，而不是由时尚潮流决定。“新风貌”给了女性购买全新服装的理由，从而使巴黎的高级定制服装行业重新焕发活力。在被德军占领期间，巴黎的高级定制服装行业曾经形同虚设。而此时媒体对迪奥标志性系列的疯狂追捧，向全世界宣告了法国时装业的复苏。

---

* 英国小说家，里兹代尔男爵二世长女，自幼酷爱文学。曾为《淑女》《时尚》等报刊写稿。她早期的“风俗喜剧”类作品最受好评，写作风格轻快而不失犀利，充满调侃和戏仿意味，与她后期小说明显的阴郁风格大相径庭。

克里斯汀·迪奥的酒吧套装——它的百褶针织裙和上衣，“臀部垫得像个茶壶套”——照片刊登在1947年4月1日的《时尚》杂志上。 130

塞尔戈·巴尔金摄，《时尚》©Condé Nast

尽管“花冠”（Corolle）系列包含了 90 套仅由 6 个模特演绎的具有相似轮廓的服装，但酒吧套装（Bar Suit）已经深深印在了我们的集体记忆之中，并成为“新风貌”的代名词。这是迪奥芭比娃娃（Dior Barbie）穿的套装，它也出现在无数迪奥书籍和展览目录的封面上。为什么？它不是热销产品，勉强挤进了该系列最畅销连衣裙的前十名而已。或许是因为它的
131 复杂结构使得其难以仿制且仿制的费用较高。虽然高级定制服装的大部分客户都是有执照的仿制者，但复杂的结构使他们很难模仿。

摄影师威利·梅瓦尔德（Willy Maywald）为迪奥模特勒内·布雷顿（Renée Breton）拍摄的穿着酒吧套装的照片被大量复制，这也是酒吧套装出名的原因之一。（迪奥写道：“在我所有的模特中，勒内可能是最接近我理想的一个。”[15]）但照片中的套装并不是 1947 年的酒吧套装；迪奥首秀时，布雷顿还没有为他工作。它是迪奥在 1955 年为索邦大学（Sorbonne）的一个讲座制作的复制品，其中上衣没有原版的披肩领、6 颗扣子和封闭式前襟。然而，这张照片证明了酒吧套装在短短几年内就取得了标志性的地位。

引人注目的黑白色调是这款套装取得标志性地位的另一个原因。上衣精确贴合，下身的裙装有衬垫和褶皱，光是这件上衣就需要 4 码象牙色的山东绸；长长的羊毛裙垂至脚踝，而且在当时布料很稀缺的情况下，还打了刀褶，这使裙摆像花冠一样展开，露出片片花瓣。（迪奥对园艺的热爱可以追溯到他在诺

曼底的童年时代。）一眼就能被认出的酒吧套装被广泛仿制，迪奥及其后继者在此之后的几乎每一个系列中都或多或少地借鉴了这一款式。就在 2011 年，渡边淳弥（Junya Watanabe）还向它致敬，把这款套装中的上衣改成了黑色的机车皮夹克，搭配有荷叶边的黑色聚氨酯短裙（见彩插图 15）。

但这款套装的名字最能说明它的名气。“酒吧套装”得名于雅典娜广场酒店（Hotel Plaza Athénée）的一家酒吧，距
离迪奥在蒙田大道的总部很近，迪奥经常光顾这家酒吧。“酒 132
吧”这个词是从法语引入英语的，而不是从英语引入法语的。“酒吧套装”的设计灵感来自经常光顾酒吧的时髦女人，是专门为喝鸡尾酒而设计的。鸡尾酒的概念出现在禁酒令时期（Prohibition）*，当时人们将私酒与糖浆和苏打水混合，以使其更可口，由此制成了鸡尾酒。但鸡尾酒礼服主要是战后才出现的款式。迪奥将其描述为“精致而考究的午后连衣裙”，最好是黑色的；由于鸡尾酒通常是站着喝的，礼服通常会有蝴蝶结、硬挺的衬裙和其他让人难以坐下的装饰。迪奥甚至向合众社解释说，鸡尾酒会需要的服装与办公室服装和街头服装截然不同，以此为自己浪费面料的行为辩护。

这类服装十分新颖，有时会与正式着装规范相冲突。《时尚》杂志编辑贝蒂娜·巴拉德记得，1946 年，她穿着迪奥为

---

* 在美国，禁酒令是一项全国性的宪法，从 1920 年到 1933 年严格禁止酒精饮料的生产、进口、运输和销售。

吕西安·勒隆设计的长及小腿肚的黑色缎面晚礼服前往伦敦的400会所（400 Club）*，当时她“非常自豪……结果却被会所以没穿晚礼服为由拒之门外。英国女人穿着拖地的战前雪纺长裙从我身边走过，走着走着裙子上镶嵌的珠子就掉下来了，而我，穿着为当晚专门设计的巴黎新款礼服，却被认为穿着不得体！”这一事件成为大西洋两岸的头条新闻，报纸（以及《时代周刊》杂志）都在争论夜总会是否应该允许顾客穿“短裙”。因此，“酒吧套装”不仅象征着战后庆祝和社交活动的回归，也象征着女性获得了享受庆祝和社交活动的新自由。它不仅改变了女性时装的外观，也改变了世界对女性的看法。

虽然迪奥时装系列是针对“成熟的资深买家和习惯于保持
133 优雅的女性”设计的，但他惊喜地发现，年轻的女性［包括演员多米尼克·布兰查（Dominique Blanchar）和波希米亚歌手朱丽叶（Juliette Gréco）］也跃跃欲试。巴拉德写道：“迪奥时装系列的问世可谓恰逢其时。时尚界需要一个能让人记住的名字，一条能让人追随的路线，一个可以让时尚重新焕发光彩的人。”战争结束后，几乎每天晚上都举行舞会、派对和演出，而那套“新风貌”时装仿佛是为这些场合量身定制的。迪奥打趣说：“就好像欧洲已经厌倦了扔炸弹，现在想放点烟花。”不仅仅是欧洲。1948年3月，《生活》杂志对迪奥进行了专访，并宣称：

---

* 伦敦西部的一家夜总会。在20世纪20年代到30年代，它为上层阶级的夜生活提供了服务。

“整个西方世界的女性都坐在那里缝制裙子，卸下垫肩，给家人吃意大利面，只为攒够钱买一套新的春装。”[16]

由于当时正在进行战后重建工作，有些人认为迪奥时装系列的推出不合时宜。一场在蒙马特（Montmartre）进行的迪奥时装系列拍摄被一群自发的抗议者中断，女人从模特背上扯下了一件迪奥连衣裙。在美国，“膝盖以下一点俱乐部”（Little Under the Knee Club）*——一个声称在全国拥有 30 万名会员的组织——发起了反对“新风貌”的运动（其口号是“它展示了你想遮掩的一切，也遮掩了你想展示的一切”和“迪奥先生，我们厌恶拖地长裙”），结果在 1948 年 2 月“新风貌”诞生一周年之际宣告失败。在加拿大，成立“防止女性穿长裙协会”（Society for Prevention of Longer Skirt for Women）的提议也获得了广泛的支持。令人惊讶的是，温莎公爵夫人，也就是华里丝·辛普森，拒绝入会。1947 年 10 月，这位“最佳着装榜”（Best Dressed List）的榜上常客在接受合众社采访时表示:“我没有改变我裙子的长度，更重要的是，我也不打算改变。”也许她对她丈夫的祖国英国怀有某种忠诚，因为在当时的
英国，服装仍然是定量配给的；不然的话，她可能会同意巴黎 134
人的观点，认为长裙摆不美观也不性感。

* 1947 年，前时尚模特波比·伍德沃德（Bobbie Woodward）和当时的女性在美国达拉斯组建起“膝盖以下一点俱乐部”来对抗“新风貌”的人气，并主张裙裾的长度应该保持在膝盖以下一点点。该组织在国际上曾有多达 48 个国家的部分群众支持，而在达拉斯曾有将近 13000 位会员。她们也曾进行过不同形式的对抗活动。

定量配给并没有阻止玛格丽特公主接受“新风貌”。由于她更年轻，继承顺序也更靠后，她可以比姐姐伊丽莎白公主穿得更时尚（也更法国）。在迪奥首秀后不久，玛格丽特就开始穿束腰的长裙。1949 年，她开始了她的第一次欧洲大陆旅行，访问了意大利、瑞士和法国巴黎。在法国首都观光的间隙，她抽空拜访了几位高级时装设计师，包括让 · 德塞（Jean Dessès）、杰奎斯 · 菲斯（Jacques Fath）、莫利纽克斯（Molyneux）和克里斯汀 · 迪奥，她在迪奥那里买了一件无肩带舞会礼服，后来她记得这是她“所有礼服中最喜欢的一件……这是我的第一件迪奥礼服，它是一件白色无肩带薄纱礼服，背面有一个巨大的缎面蝴蝶结。在这条大裙子里面，有一个像蜂窝一样的东西固定在那儿，就像一个裙撑。这意味着我可以朝任何方向移动，甚至可以倒退着走，而不会被绊倒”。[17] 1951 年，在她 21 岁的生日派对上，她穿了另一件迪奥品牌的礼服——一件 1950 年“斜”（Oblique）系列的单肩欧根纱礼服。塞西尔 · 比顿（Cecil Beaton）为纪念这一场合为她拍摄了肖像照，她在照片中也穿着这件礼服（见彩插图 16）。1952 年，她代表王室出席了迪奥在牛津郡（Oxfordshire）布伦海姆宫（Blenheim Palace）为红十字会筹款而举办的具有里程碑意义的时装秀。她一直是迪奥的忠实客户，直到去世。

迪奥将玛格丽特描述为“一位真正的童话公主，纤细、优雅、精致”，她“对时尚非常感兴趣”。但是，在他的美国观众眼中，代表“新风貌”的是另一位童话公主——灰姑娘。沃尔

特 · 迪士尼（Walt Disney）于 1948 年开始制作他的动画版佩罗（Perrault）童话。当这部电影在 1950 年首映时，所有人都 135 知道它得益于“新风貌”，尤其是迪奥本人。他在 1956 年出版的自传《迪奥的迪奥》（*Dior by Dior*）中写道：“既然灰姑娘的仙女教母已经不存在了，那么时装设计师就必须成为魔术师。”

迪士尼曾坦承，他在动画史上最喜欢的时刻是“灰姑娘穿上舞会礼服的时候”。每个人都喜欢麻雀变凤凰的故事，而《灰姑娘》是一部终极改造电影——迪士尼并没有只给他的女主角一件舞会礼服，而是在银幕上神奇地从头到脚改造了她。然而，在 1950 年，《灰姑娘》不仅象征着外表上的转变，也象征着一种文化的转变。整部电影可以被解读为战后消费主义的寓言，而迪奥本人则是仙女教母。邪恶继母和丑陋继姐妹组成的“轴心国”（Axis Powers）被征服和羞辱。未充分就业的农场动物从突如其来的就业热潮中受益，胜利花园的南瓜变成了时髦的新游乐设施。还有什么比“水晶鞋”更能隐喻回归和平与繁荣的脆弱之路呢？

迪士尼此前唯一的动画童话女主角是白雪公主，她有着 20 世纪 30 年代典型美国女孩的红润脸颊和短发。她是一个十足的女孩：一个平胸的丘比（Kewpie）娃娃*，可爱而不够美丽。理

---

* 丘比是一个品牌玩偶和小雕像，由漫画家罗斯 · 奥尼尔（Rose O'Neill）构思为漫画人物。1909 年，奥尼尔从大自然中获得灵感，以爱、活泼、纯真为基础，创造出丘比。丘比有圆滚滚的眼睛、尖尖的头，用天真烂漫的笑容，温暖了全世界。

想的成人身材比例是 8 个头高，而白雪公主只有 5 个头高——即使按照卡通标准，她也是个孩子，头重脚轻。她的造型灵感来自 19 世纪的故事书插图，在电影的大部分时间里，她都穿着同一件文艺复兴风格的礼服。但“新风貌”引入了一种新的女性理想。当迪奥描述他的“花一般的女性”时，他谈论的可能是灰姑娘。

136 没有哪部迪士尼影片比《灰姑娘》更注重服装，而且大部分涉及服装的情节都是迪士尼添加的，这种做法引发了批评，称该公司把一个经典童话故事变成了资产阶级的资本主义幻想。事实上，几乎每一个情节转折都与灰姑娘的衣服有关。电影一开始，灰姑娘就丧母并被继母特曼妮夫人（Lady Tremaine）强迫成为家庭奴隶，她穿着一条及膝直筒裙，这完全符合英国战时严格的服装规定——“实用服装计划”（Utility Clothing Scheme）。随着她的际遇越来越糟糕，她的衣服越来越破，补丁也越来越多，加了一条撕破的围裙和一条头巾——这是第二次世界大战期间女性的主流时尚，当时制帽材料短缺，许多妇女去工厂工作，在那里，头发裸露是一种安全隐患。

当王子举办舞会时，特曼妮夫人告诉灰姑娘，如果她穿着得体的话，就可以参加。友好的老鼠（迪士尼的创新）废物利用，用灰姑娘的继姐妹丢弃的饰带和珠子凑合着制作了一件粉色礼服。这件礼服有着宽大蓬松的袖子、少女般的蝴蝶结和荷叶边，看起来像一件战前的旧款。灰姑娘还在她松散的头发上戴了一个白雪公主风格的蝴蝶结。但嫉妒她的继姐妹在母亲的

鼓动下，把她的粉色礼服撕成了碎片。当她们出发去参加舞会
时，灰姑娘的仙女教母出现了，她变出了一件十分美丽的礼服，
以至于在灰姑娘穿上它后连老鼠都没有认出她。更具有戏剧性
的是，灰姑娘破烂不堪且陈旧过时的衣柜帮助她神奇地摇身一
变，成了一个“新风貌”风格的少女。银白色的舞会礼服显得
她冰清玉洁，伞裙和伞裙外层的褶皱套裙，不禁让人联想起 18
世纪的波兰舞曲风格服装以及酒吧套装中带荷叶边的紧身上衣。
20 世纪 40 年代的齐肩卷发变成了 20 世纪 50 年代的刘海和用 137
发带固定的精致盘发，头上没戴蝴蝶结，戴着耳环、颈链和长
长的白手套。

最后，这位仙女教母把灰姑娘那双实用的黑色芭蕾平底鞋（在皮革稀缺的战争时期，因设计师克莱尔·麦卡德尔的推广而流行起来）换成了一双不实用但却令人心动的水晶鞋（代表战后的高跟鞋）。但当她不知不觉在外面逗留到午夜 12 点后，她的衣服就变成了一堆破布。可是，水晶鞋却被神奇地保留了下来。王子在宫殿的台阶上发现了一只，由于这只水晶鞋只有灰姑娘能穿，王子就用它来找灰姑娘。可是，在灰姑娘试穿鞋子之前，特曼妮夫人却把它打碎了。由于灰姑娘彻底变了样，即使是被迷住的王子也不能确定眼前的她就是舞会上的那个人，直到她拿出与之相配的另一只水晶鞋，才证明了她的身份。1950 年的观众不仅梦想着战后的复苏，而且梦想着彻底的变革：抛弃过去的陈腐残存，一头扎进一个长期被否定的舒适而美丽的世界。灰姑娘从定量配给服装到高级定制时装的极致

改造，再现了第二次世界大战期间的匮乏，以及为此后幸福生活而设计的迪奥时尚。

即使在服装从未像食物和燃料那样定量配给的美国，“新风貌”也受到欢迎，被认为是 20 世纪 30 年代奢华和优雅风尚的回归，就好像战争根本没有发生过一样。美国女性可能在工厂里工作，为胜利而编织，但她们也被鼓励穿上漂亮衣服，举行传统的白色婚礼，精心设计妆容和发型，以提振士气和促进国
138 内经济。《时尚》杂志在 1944 年建议道：“你的腿和脚必须保持最佳状态。如果透明长袜稀缺，可以尝试腿部化妆，用润肤剂防止皲裂……穿凉鞋时必须做足部护理。”因此，美国女性没有像南希 · 米特福德和她的同胞那样兴高采烈地迎接“新风貌”也就不足为奇了；在美国，她们的时尚和美丽并没有被剥夺，她们没有像英国女性那样有失而复得的感觉。但“新风貌”无疑影响了美国的时尚，迪士尼大受欢迎的电影也是如此，甚至启发了一系列灰姑娘风格的婚纱设计。

“新风貌”启发了另一个非典型的美国经典款式——贵宾犬裙（poodle skirt）。这一 20 世纪 50 年代的个性裙装虽然经常被认为有媚俗的倾向，但却使“新风貌”得以本土化和民主化，彻底改变了它，以至于它与法国的渊源如今已基本被遗忘。这一标志性款式如今已成为电影、电视节目和万圣节服装中对 50 年代这整整 10 年的标准时尚表达，其复杂的历史掩盖了它与生俱来的地方主义和它短暂的生命周期。像许多时尚潮流一样，贵宾犬裙的起源是多方面的，它源于美国国内对法国时尚文化长期以

来的刻板印象，以及对战后巴黎出现的新型纺织品和全裙廓形的热情消退。

早在迪奥出名之前，“贵宾犬”就是美国对“法国人”的转喻词，它暗含着精明和时尚的意味。虽然贵宾犬不是法国品种，但这种狗通常被称为“法国贵宾犬”（French poodles），因为长久以来，训练有素的贵宾犬就是法国宫廷和马戏团的传统特色。（这些动物精致的发型也可能让人联想到典型的法国式傲慢和时髦。）从 20 世纪 30 年代中期开始，随着花卉图案不 139
再流行，贵宾犬和其他动物图案逐渐出现在印花纺织品上。到了 1945 年，美国人可以购买“法国贵宾犬印花”连衣裙和睡衣，以及贵宾犬主题的家居装饰，包括彩绘瓷砖、烟灰缸和壁纸。1947 年，密苏里州的《圣约瑟夫新闻报》（*St. Joseph News-Press*）刊登道：“你为什么不买一套新色调的贵宾犬西装或外套呢？这种可爱的蓝灰色调是法国贵宾犬特有的颜色。”与此同时，活生生的贵宾犬侵入了美国家庭。1946 年，它们在全美最受欢迎的犬种中居第 25 位，而到了 1960 年，它们的排名升至第一。泰隆 · 鲍尔（Tyrone Power）、伊丽莎白 · 泰勒、凯瑟琳 · 赫本、克劳德特 · 科尔伯特（Claudette Colbert）、琼 · 克劳馥（Joan Crawford）、桑德拉 · 迪（Sandra Dee）和猫王（Elvis）等明星都带着他们上镜的时尚宠物一起为粉丝杂志拍照。

法国人也开起了玩笑。迪奥自己设计了一枚金色贵宾犬胸针，贵宾犬爱好者格蕾丝 · 凯利拥有几枚卡地亚贵宾犬胸针。

1951 年，皮尔 · 巴尔曼让一只淡紫色的贵宾犬走上 T 台，它由一名身穿同色外套的模特牵着。这个被广泛宣传的画面成为那个时代的模因，随后在 1952 年的电影《巴黎春晓》（*April in Paris*）中重现，该片讲述了百老汇合唱队女孩多丽丝 · 戴（Doris Day）代表美国剧院参加法国艺术博览会的故事；1957 年以巴黎时尚界为背景的电影《甜姐儿》（*Funny Face*）以及许多杂志版面也相继再现了那个时刻。1955 年，琼 · 柯林斯（Joan Collins）在她粉红色的卧室里和她被染成同色的贵宾犬合影，她的发型是短短的小卷“贵宾犬发型”（poodle cut）[或称“贵宾犬夹”(poodle clip)]，这种发型在 1951 年开始流行，并出现在 1952 年 1 月《生活》杂志的封面上，该杂志报道说纽约一家沙龙“每天要为近 500 名顾客剪贵宾犬发型”，并指出这种发型“作为对时下的长裙、小蛮腰和高领口的一种
140 平衡被服装设计师认可”。贵宾犬裙和贵宾犬发型携手并进。

但“贵宾犬裙”中的“贵宾犬”最初指的是它的面料，而不是它的法式剪裁或犬贴花。“贵宾犬布”（poodle cloth），即法语中的 poilu（意思是“毛茸茸的”），曾是一种硬挺、毛茸茸的纺织品，用于制作拖鞋、外套、手套和裙子。例如，1953 年波士顿五月百货公司（May Department Store of Boston）的一则广告描绘了一种包括一条铅笔裙的“纯毛贵宾犬套装”。其他一些“贵宾犬裙”有喇叭形轮廓，但没有贵宾犬贴花或其他设计，这些裙子也被称为“风车裙”（pinwheel skirt）。

蒙特 - 萨诺大衣公司的小文森特 · 蒙特 - 萨诺（Vincent

141

1956 年，在多伦多的瑞尔森学院（现在的瑞尔森大学），三名身着贵宾犬裙的女性模特。

City of Toronto Archives

Monte-Sano，Jr.）声称，1949 年将贵宾犬布引入美国市场是他的功劳。1951 年，他对合众社说：“我们在当时推出了用这种块状布料制成的外套，并将这种布料命名为‘贵宾犬布’。”这种布料最终被用于制作“外套、西装、礼服，甚至帽子”以及裙子。此时的贵宾犬布更像工业地毯，而不像毛茸茸的犬皮。但是，它很柔软，最重要的是，它体积足够大，便于裁剪，足够厚实，可以保持形状，面料又不会太重，每条裙子用料不超过 20 码。这种轻盈和挺括的完美结合使它成为将“新风貌”推向大众市场的理想选择。到了 1949 年，迪奥本人已经不再制作长而宽的裙子，但他在 1951 年又使沙漏形裙子回归，时装设计师杰奎斯·菲斯、让·德塞和帕奎因也纷纷效仿。在介绍他 1951 年春季设计的金字塔形“箭”（Arrow）系列时，菲斯向澳大利亚《时代报》（*The Age*）解释说：“经过几季直筒裙的风靡之后，宽裙不可避免地回归了。”这一次，美国时装业做好了准备。

142 我们所知的贵宾犬裙——一条印有贵宾犬形象的宽下摆长裙，直到 1952 年夏天才开始流行。加利福尼亚歌手出身的设计师朱丽·琳恩·夏洛特（Juli Lynne Charlot）声称，早在 1948 年她就发明了这种裙子，当时她为参加好莱坞的一个节日派对用毛毡做了一条简单的迪奥风格圆裙，并用闪闪发光的圣诞树贴花装饰了这条裙子。夏洛特之所以选择毛毡，是因为她不会缝制，而毛毡是成片的，面宽足够裁剪成一个圆形。这种硬挺、毛茸茸、轻薄的面料和贵宾犬布有着同样的质地，并能以相同的方式保持其形状。夏洛特在洛杉矶百货公司出售了类似性质但不同设计的裙子，其中包括一条为支持艾森豪威尔竞选而设计的裙子，她将做裙子多余的布料作为装饰图案的画布。1952 年，她设计了一款“贵宾犬裙”图案，这可能与卡罗尔·柯蒂斯（Carol Curtis）公司当年推出的“贵宾犬裙”缝制图案相同。报纸上的广告强调“这个图案同时包括长裙和贵宾犬！流行的小狗图案是用贴花……毛毡、贵宾犬布、对比色亚麻布或棉布制成的”，上面绣有身体外观细节。当然，在这个时候，由“贵宾犬布”制成的宽裙和圆裙已经不是什么新鲜事了；只有那个小狗图案比较新颖，其设计显然是受到 1951 年 12 月《生活》杂志上介绍的一种“贵宾犬衬裙”（poodle petticoat）的启发。这种有黑色贵宾犬贴花的白色衬裙，与图案中的裙子一模一样，只不过是底衣而非外裙。

贵宾犬本就是法式风情的代名词了；小狗贴花给迪奥风格的裙子增添了一种新魅力。贵宾犬图案裙子的流行速度过快，导致人们对它的新鲜感很快就消失了，它的名字也很快被淡忘了，因为很快就出现了带有腊肠犬、苏格兰犬和非犬科动物 143
以及其他图案贴花的裙子。1953 年 10 月，《生活》杂志报道说：“从毛茸茸的贵宾犬到水钻电话号码，宽大的毡裙上装饰着各种图案，这在服装行业被称为‘谈资圈’（a conversation cirde），因为它能让穿着它的人在鸡尾酒会上有话题与他人攀谈。”纽约设计师贝蒂·默里（Bettie Murrie）设计了一款饰有功能性双陆棋棋盘的裙子，其口袋形状像一个超大的骰子，用来装棋子。“购买她新款式的人可以坐在地上，把裙子围着自己铺开，路人可以坐在她们身边，来一局她们最喜欢的游戏。”

和大多数时尚一样，这些“谈资圈”也都是短暂的。到了1954 年，贵宾犬裙已经失宠了，它从女性的衣柜里消失了，只能在儿童专柜中才能找到。仅仅 3 年后，迪奥本人离世了。在他短暂的职业生涯中，他创造的传奇在时尚史上无人可比。贵宾犬裙可能只是昙花一现，但它的灵感来源——“新风貌”却是一个转折点，一场彻底的时尚革命，它带来的震撼永远不会过时，必将成为永恒的经典。

7 144

裸　裙

敢于裸露

The Naked Dress: Daring to Bare

这虽然不是她的生日礼服，但已经很接近了。1962 年 5 月 19 日，玛丽莲 · 梦露在麦迪逊广场花园（Madison Square Garden）举行的民主党筹款活动上登台，为即将年满 45 岁的约翰 · F. 肯尼迪（John F. Kennedy）总统献唱《生日快乐》。她脱下皮草披肩，露出一件闪闪发光的拖地长裙，裙子的材质是透明的肉色薄纱罗，上面镶有 2500 颗水钻。

从观众的角度看，她好像什么都没穿，只戴着水钻一样。即使不穿内衣，这条裙子也非常紧身，据说长裙是在梦露穿上之后才缝合的，因此她不得不被缝在里面。肯尼迪后来开玩笑说："在有人用如此甜美、赏心悦目的方式向我献唱了《生日快

1962 年，玛丽莲 · 梦露身穿让 · 路易斯的“梦幻礼服”，在麦迪逊广场花园为约翰 · F. 肯尼迪总统演唱《生日快乐》。
PictureLux/The Hollywood Archive/Alamy Stock Photo

乐》之后，我现在可以退出政坛了。”他所指的不仅仅是玛丽莲娇喘、撩拨的演唱，还有裙子。

出生于法国的好莱坞服装设计师让 · 路易斯将这款礼服称为“梦幻礼服”（illusion dress），它创造了裸体的“幻觉”。
145 他在《吉尔达》中为丽塔 · 海华丝设计的无肩带紧身裙也运用

了类似的服装技巧（见第 5 章）。玛琳·黛德丽（Marlene Dietrich）穿着路易斯为她设计制作的一系列梦幻礼服举办了卡巴莱歌舞演唱会，礼服上巧妙地点缀着亮片、珠子和蕾丝。梦露在知道此事后联系了他。这款礼服是好莱坞魅力的代名词。服 146
装设计师沃尔特·普伦基特（Walter Plunkett）、伊迪丝·海德和艾琳（Irene）都曾为电影设计过透明薄纱礼服。奥利·凯利在 1959 年的电影《热情似火》中为梦露设计过礼服，礼服上身是裸色丝质针织衫，下身是黑色轻薄鸡尾酒裙，礼服上点缀着黑色亮片、珠子、流苏。梦露穿着它坐在三角钢琴上吟唱《我与爱同在》（*I' m Through with Love*）。轻薄的袒胸低领衫上镶嵌着亮片，勉强遮住了她的乳头，但更加大胆的是露出她玉臀顶部的露背设计。

当时，好莱坞的制片厂制度倾向于把女演员简称为她们最突出的身体部位。简·拉塞尔（Jane Russell）就是“胸”，维克·杜根（Vikki Dougan）是“背”，安妮塔·科尔比（Anita Colby）则是“脸”。珍·哈露（Jean Harlow）和维罗妮卡·莱克（Veronica Lake）因其标志性的发型而分别被称为“金色炸弹”（The Blonde Bombshell）* 和“半遮脸女孩”（The Peekaboo Girl）**。贝蒂·戴维斯（Bette Davis）以她的

---

* “金色炸弹”打破了好莱坞黑发美人在市场中的垄断，开启了一个以金发为性感标志的时代。

** 美国著名电影、舞台、电视女演员。她同时也以半遮脸——“眼睛躲在头发后面”的发型家喻户晓，并掀起了时尚潮流，这一发型被无数后人模仿，直到现在依然很流行。也有人把这种发型称为“躲猫猫”发型。

眼睛而闻名；黛德丽则以她的美腿著称，无论她穿的是男式晚礼服还是让·路易斯的透明薄纱礼服。派拉蒙公司的宣传部门不断散布（虚假）消息，称他们已为黛德丽的双腿向伦敦劳埃德保险公司（Lloyd's of London）投保。不过，在 1958 年的一份新闻稿中，黛德丽的公关强调了让·路易斯为她的拉斯维加斯撒哈拉酒店之行设计的裙子的奢华而非修身，称“上面镶满了钻石，还有活动的珠子、水钻、水晶珠和钻石水滴”。[1] 其所谓的 2.5 万美元的标价和“钻石”显然是谎言（裙子大概价值 8000 美元）。但对其奢华程度的强调很能说明问题。黛德丽出身于一个德国贵族家庭，经常在电影中扮演贵族。她可能在银幕内外尝试过不同的性别角色，但即使穿着裤子，她也总是显得高贵而冷漠。在梦露这样曲线曼妙的身材上，正如电影
147 《热情似火》中的一句台词“她就像弹簧上的果冻”（Jell-O on Springs）所描述的，由透明的亮片连衣裙所创造的幻觉是非常不同的。

如今，这一款式被称为“裸裙”（naked dress），而不是“梦幻礼服”。这个词最初用于 20 世纪 30 年代末的无肩带连衣裙（见第 5 章）。1998 年，美国家庭电影台（HBO）* 播出了《欲望都市》（*Sex and the City*），在该剧早期的一集中，主角凯莉·布拉德肖（Carrie Bradshaw）在与大先生 (Mr. Big)

---

* 美国最大的电影频道，总部为美国纽约的有线电视网络媒体公司，主要播放合作电影公司的电影和自己原创的迷你剧和连续剧。HBO 于 1992 年开播，全天 24 小时循环放映。

初次约会时穿了一件紧身暴露的肉色连衣裙（见彩插图 17），凯莉古板的朋友夏洛特不以为然地称之为“裸裙”。这个名词因此获得了新的关注，但是凯莉的连衣裙并不是让 · 路易斯风格的晚礼服，甚至不是我们今天所说的“裸裙”。相反，它是一件吊带裙，短但不透明，背部镂空。唯一的幻觉是，这条裙子似乎是被魔法撑起来的，其肩带细得几乎看不见。它的颜色是布织绷带的哑光油灰色，而不是女演员莎拉 · 杰西卡 · 帕克（Sarah Jessica Parker）皮肤的玫瑰金色。在剪裁上，它是一件吊带裙，但在某种意义上，它具有与大规模生产的紧身胸衣相同的恐怖谷（uncanny valley）*式“裸色”风格。与其说是模仿裸体，不如说是模仿内衣。

“裸裙”可能是一个自相矛盾的说法，但却是一个恰当的描述，因为无论是透明的、肉色的、紧身的类型，还是包括所有这些特点的类型，这类裙子裸露（或似乎裸露）的与它们隐藏的一样多。它们可能有开衩、镂空、低胸或乳头罩设计。肯达尔 · 詹娜（Kendall Jenner）在 2015 年 MuchMusic 音乐录影带大奖颁奖礼（MuchMusic Video Awards）** 上穿的镶满珠宝的白色长袖礼服虽然是不透明的，但它有两条至腰部的开衩，

---

* 恐怖谷效应是日本机器人专家森政弘提出的理论，就是人在观看一个逐渐变得真实的物体的时候，会经历从一开始的不在意，到慢慢喜欢，再到中间的反感，达到以假乱真之程度的时候又会喜欢这样一个过程。现在已经不再局限于机器人和心理学研究，而是被应用到了社会学、传播学、数码艺术学等多个领域。

** 每年 6 月，加拿大国家电视台在多伦多总部举办的音乐录影带大奖颁奖礼。

肯达尔·詹娜在 2015 年 MuchMusic 音乐录影带大奖颁奖礼上穿着的带有紫色内衬的镶满珠宝的白色长袖露腿礼服。
Wikimedia Commons

可以露出双腿或更多，深紫色的衬里增强了裸露的效果。裸裙可能追求模拟裸体的效果，也可能不追求，但它几乎总是需要穿着者赤身裸体，即不穿内衣；不管它多薄、多窄、多紧，裙 148
子的设计都是为了显示穿着者在裙子里面是赤裸的。这种裙子曾经只有滑稽演员才会穿，后来为电影制片厂所采用。在摄影棚里，摄影师可以小心控制灯光来避免穿着者走光。裸裙在得到肯尼迪总统的认可后成为主流，从此成为 T 台和红毯上的主打款。

当然，如今红毯在很大程度上是 T 台的延伸，人们似乎很难相信，当时的名人并不总是引领时尚潮流。在好莱坞制片厂制度下，制片厂内部的服装设计师（而不是时装设计师）经常为出席电影首映式和颁奖典礼的女演员提供服装。但是在 20 世纪 60 年代后期，好莱坞制片厂制度的崩溃让明星只能靠自己了——“无论结果好坏”。[2] 那时，雪儿（Cher）和伊丽莎白·泰勒穿着夸张华丽的套装，黛米·摩尔（Demi Moore）和吉娜·戴维斯（Geena Davis）穿着自己设计的容易走光的套装，芭芭拉·史翠珊穿着阿诺德·斯卡西（Arnold Scaasi）设计的透明喇叭裤。直到 1988 年乔治·阿玛尼（Giorgio Armani）来到比弗利山庄开店并为明星提供礼服，好品位和免费（借的）礼服才开始重返红毯。其他时装设计师纷纷效仿，与明星、造型师和珠宝商合作，来扮演这个曾经由制片厂服装部门负责的角色。如今，设计师的样衣早在上市之前就出现在电影首映式和颁奖典礼上，世界上最著名、最美丽的女性穿着这些大牌样衣的照片也会即时传遍世界各地。

由于有这么多的设计师想要出名，也有这么多的摄影师和记者乐于给予他们机会，名人必须付出更大的努力才能被关注
149 和拍照。始于 20 世纪 70 年代的健身热潮（以及随之而来的选择性整形手术数量的激增）帮助女性在不穿紧身褡、不系束身腰带或不穿其他紧身胸衣的情况下拥有完美的身材（见第 10 章）。考虑到设计师的免费样衣和健身工业综合体这些因素的共同作用，裸裙似乎不是一种自相矛盾的说法，而是一种必然。这种款式只需要一个配饰——值得一看的身材。它在裸露和过度裸露之间游走，颠覆了好莱坞历史上的双重标准，让女性身体性化但同时允许男性保持遮掩。穿裸裙时，女人既可以算穿了衣服，也可以算没穿衣服，可以随心所欲地露出自己的肌肤，想露多少都可以。

裸裙从最初的亮片舞裙开始，顺利进入了随心所欲的 20 世纪 60 年代。女演员卡罗尔 · 贝克（Carroll Baker）倾向于营造她的性感形象，在宣传 1964 年的电影《江湖男女》（*The Carpetbaggers*）时向她的朋友黛德丽寻求建议。贝克在 1983 年的自传《宝贝娃娃》（*Baby Doll*）中写道："我问她是否介意我模仿她的服装设计。"黛德丽祝福她说："你需要一件镶有珠宝的网状雪纺透明紧身礼服。"并把她推荐给了时装设计师皮尔 · 巴尔曼。黛德丽还建议她："记住：亲身参与制作并监督每一颗宝石的放置是非常重要的。如果你能仔细选择你要展露什么、遮蔽什么，你就能展现出自己身体最大的优势。所以不

要做一个懒惰的女孩。”

贝克穿着这件礼服出席了影片在好莱坞的首映式，她回忆说，当时，这件礼服“引起了轰动。我看上去美极了——闪闪发光，大胆至极。我里面什么也没穿，肉色的网纱和雪纺在明亮的灯光下与我的身体融为一体，就像玛琳预测的那样。我相 150
信世界上每一家报纸都刊登了我穿着那件透明礼服的照片”。在丹佛和伦敦举办的电影首映式上，贝克也穿了类似的透明礼服。她告诉八卦专栏作家海达 · 霍珀（Hedda Hopper）:“许多设计师为提升裸裙的穿着效果，都设计了穿在里面的紧身连衣裤，但那是作弊。我不吃早餐和午餐，因为我不敢增加哪怕一盎司体重。”裸裙既民主又无情，它“不会突出你身体的任何特定部位，而是呈现出整个轮廓”。贝克补充道。然而，极其讽刺的是，贝克在 1965 年金球奖上穿的是一套不透明的巴尔曼长裤和背心套装，她回忆说，这套衣服“立刻被贴上了离谱的标签”，“引起震动，人们在背后议论纷纷，既震惊又不满”。美联社称，这套“镶着亮片的睡衣”是“当晚最差着装”。显然，光着身子比穿着裤子好。

据霍珀报道，巴尔曼预测“新时尚将是裸装”。他并不是唯一一个押注裸装的设计师。多亏了二战后开发的新型合成材料，服装面料能隐藏多少就能暴露多少。有时，这些大胆的设计会搭配肉色的弹力内衣，但并非总是如此。就在贝克穿着华丽的巴尔曼刺绣礼服摆拍的时候，时装设计师安德烈 · 库雷热（André Courrèges）正在通过利用未来主义风格的款式和纤维，包括透明塑料和网状材料，将高级定制时装推入太空时代（见第 8 章）。伊夫 · 圣罗兰 1967 年的时装系列中包括一件透明的黑色雪纺礼服，礼服上的鸵鸟羽毛流苏聚集在臀部，使它就像一条草裙。几年后，他用黑色薄纱重制了自己标志性的衬衫裙，搭了一条豹纹短裤，胸部的贴袋为这件衣服增添了一
151 丝端庄。奥斯卡 · 德拉伦塔（Oscar de la Renta）在 1969 年春夏系列中推出了透明欧根纱和雪纺衬衫，其“适合任何能穿的女人”。[3] 赞德拉 · 罗兹（Zandra Rhodes）让飘逸的透明雪纺及地长裙展现了嬉皮士时尚；手工制作热潮带来了装饰编结艺术和钩针编织礼服。就连诺曼 · 哈特内尔（Norman Hartnell），这位以伊丽莎白女王御用服装师而闻名的人，也加入了裸露潮流，他 1971 年春季系列中包括一件被称为“穿插表演”（Sideshow）的黑色绉纱礼服。美联社报道称：“设计师剪开了侧板，用带子系住开衩，从脚踝到腰部若隐若现地露出肌肤。”虽然这件礼服在当时令人大跌眼镜，但在今天的红毯上不会显得格格不入。

20 世纪 60 年代末时髦的裸露到了 70 年代开始显得俗不可耐；裙摆下降，女性开始遮盖自己，选择能凸显身材但不裸露的晚礼服。裸装退回到演艺圈。鲍勃 · 麦基（Bob Mackie）认为自己是服装设计师，而不是时装设计师。能证明他的这一身份的人是好莱坞的老牌银幕性感女星，比如玛丽莲 · 梦露、琼 · 克劳馥和黛德丽，她们都成了他的客户。无论是在银幕上还是在台下，黛德丽还推动了另一位演员歌手选择麦基的

服装，她就是雪儿。“我第一次在银幕上看到玛琳时起就为她疯狂。”雪儿声称。她甚至剃掉了眉毛，这样就可以用铅笔把眉毛画成黛德丽的样子，这一造型在《桑尼和雪儿秀》（*The Sonny and Cher Show*）中持续了整整一季。雪儿经常穿歌舞女郎风格的服装，包括精致的头饰、低领口、镂空设计和用来展示她令人羡慕的腹肌露脐上衣。但当她穿麦基那件透明而闪闪发光的裸裙时，她是在模仿一位特别的歌舞女郎——黛德丽。

雪儿最终成为麦基服装系列中一件裸裙的模特。1974 年，她穿着这件带有白色羽毛的彩虹色闪光珠饰礼服，在麦基的陪 152
同下，参加了纽约大都会艺术博物馆慈善舞会（Met Gala）*（见彩插图 18）。同年晚些时候，她穿着这件礼服登上了《时代周刊》杂志的封面，标题是“麻雀变凤凰的快乐”（Glod Rags to Riches）。《时代周刊》杂志表示，“在某种程度上，设计师罗伯特·麦基（Robert Mackie）** 的服装仍然能够成就明星”。对此，雪儿反驳道：“我穿衣服而不是衣服穿我。”麦基在接受《时尚》杂志采访时表示：“这引起了很大的骚动。在那些日子里，《时代周刊》杂志的封面都是世界领导人或有重大发明的人，比如疫苗发明者。雪儿穿着那件不可思议的衣服登上了封

---

* Metropolitan Museum of Art's Costume Institute in New York City，简称 Met Gala/Met Ball，于每年的 5 月初举行，是时尚界最隆重的晚会，每年的慈善晚会红毯部分都被誉为“时尚界的奥斯卡”，入场券的价格高达 25000 美元。

** 鲍勃·麦基的出生名。

面，报摊上的报纸几乎立刻售罄。一些城市甚至禁止出售。”在坦帕市（Tampa），由理查德·阿维顿（Richard Avedon）拍摄的这一封面被认为是“色情”的。但是麦基告诉《电视广播镜报》（*TV-Radio Mirror*）：“这真的是一件非常得体的衣服。”其意思是，没有什么“不得体”的。他解释说：“所有的一切融为一体，你永远无法确定自己看到的是什么。它的领口很高，除了你能看到的部分外，根本看不到乳沟，而且礼服上镶嵌了珠子，这些珠子的位置让你什么也看不到。后背低开及腰，但雪儿的一头长发也恰好至此。”卡罗尔·贝克发现，裸裙并没有“强调女性身体的任何特定部位”，它迫使人们打量衣服的整体廓形并对其裸体感有一个总体印象，而这种印象更多的是幻觉而非现实。雪儿的纽约大都会艺术博物馆慈善舞会礼服是她与麦基最大胆的合作之一，也是他们合作中最美丽的一件，尤其是在她动起来的时候。

与许多极端的时尚时代一样，20 世纪 80 年代的夸张风格在 90 年代遭到了抵制。（《时尚》杂志在 1993 年 8 月命令读者：“跪下，开始为贪婪的 80 年代赎罪。”）邋遢时尚（gruge）
153 和极简主义（minimalism）可能是当时的流行语，但在这些朴素、通常中性的潮流中并不是完全没有裙子的参与。女性玩起了性别信号的游戏，用修身的绸缎吊带裙和少女风格的碎花连衣裙搭配霸气的皮夹克、厚底运动鞋和战靴。在那个年代朴素、注重身材的极简主义风潮中，裸裙又重新流行起来。1993 年，凯特·莫斯（Kate Moss）在伦敦参加世界精英模特大赛（Elite Model Look）年度派对时，穿了一条闪闪发光的银色透明吊带裙（搭配一条黑色三角裤和一根香烟），但这并不是什么新鲜事（见彩插图 19）；她和马克·沃尔伯格（Mark Wahlberg）在 1992 年卡尔文·克莱因（Calvin Klein）广告中袒胸露乳给人们带来的震撼还未散去。但在一个满是高挑美丽模特的房间里，莫斯大胆解构的服装有力地提醒了人们其纤细身材，正是这种身材使她出名，时尚策展人科琳·希尔（Colleen Hill）认为，这是“转向现实，远离 20 世纪 80 年代超模那种光鲜亮丽、难以企及之完美形象”的一部分，这有助于扩大女性美的定义。[4] 这件衣服传递出一种极其冷静的自信，尽管这在一定程度上可以归因于她的无知：在为派对做准备时，莫斯没有意识到从莉莎·布鲁斯（Liza Bruce）那里借来的裙子是透明的。她向《时尚》杂志坦言：“我不知道为什么每个人都这么兴奋。”

90 年代的裸露概念除了穿透视装之外还有许多表现形式。《牛津英语词典》将“侧胸”（Side Boob）一词的首次公开使用归功于《周六夜现场》（*Saturday Night Live*）的演员迈克·迈尔斯（Mike Myers），他在 1994 年 1 月 30 日接受《星期日泰晤士报》（*The Sunday Times*）采访时使用了这个词。他在采访中指出，他第一次看到人体这个隐秘的部位，是在女演员法拉·福西特（Farrah Fawcett）的一张海报上［很可能是她 1979 年拍摄的电影《布局》（*Sunburn*）的海报，在这部电影中，她的无袖潜水服拉链被拉至胸部下方］。但也是在

154 1994 年，伊丽莎白·赫莉穿上了她的范思哲别针礼服（见第 3 章）。侧胸逐渐成为一个新的性感地带。到了 21 世纪初，侧胸取代乳沟成了新的焦点，成为《沙龙》（*Salon*）杂志和《纽约时报》评论文章的主题。2015 年 11 月，《沙龙》杂志解释说："它的部分吸引力在于，它暗示着要暴露一些东西，并提供了一种撩拨人心的可能性，衣服好好地穿在身上，将露未露，令人心痒，这是一种隐晦的挑逗。"对于乳沟较浅的女性来说，这是一种展示肌肤的时髦方式。而且，当裸裙挤满红毯时，侧胸裙比透视装或低领服装更具神秘感和新鲜感。

女演员格温妮丝·帕特洛（Gwyneth Paltrow）或许是为了消除人们对她在 1999 年奥斯卡颁奖典礼上穿的粉色拉夫·劳伦（Ralph Lauren）公主礼服的记忆，在 2002 年的奥斯卡颁奖典礼上选择了一件前卫、朋克风格的亚历山大·麦昆（Alexander McQueen）礼服。黑色网眼紧身上衣露出了她的乳头，她厚重的黑色眼线和凌乱的挤奶女工辫子看起来更像是噱头而非哥特风。麦昆认为她看起来"不可思议的美"。但评论家称，这对这位一向时尚的明星来说是一场时尚灾难。

帕特洛后来在自己的网站 Goop 上承认："我还是应该穿胸罩的。"她第二次穿着裸裙走红毯是在《钢铁侠 3》（*Iron Man 3*）的首映式上，在礼服选择上她表现得更谨慎，她的太空时代风格安东尼奥·贝拉迪（Antonio Berardi）礼服有黑色薄纱的袖子，礼服两侧由纯黑色薄纱拼接，但正面和背面都是不透明的。袒露侧胸了吗？是的。乳头呢？没有露（见彩插图20）。尽管如此，这种设计还是让人无法穿任何类型的内衣，《每日邮报》（*Daily Mail*）称这是红毯上出现过的“最粗俗、最吸引眼 155
球的着装”。但接下来还会有更多的裸裙出现。

并非每件裸裙都是如此。在2004年超级碗（Super Bowl）*中场秀中，珍妮特·杰克逊（Janet Jackson）在1.4亿名电视直播观众面前露乳，此后，“走光”（wardrobe malfunction）一词成为意外裸露的委婉说法。但走光［或“不慎露点”（nip silps），根据《韦氏词典》（*Merriam Webster*），这个词早在2002年就出现了］并不是什么新鲜事。1969年，英国女演员简·伯金（Jane Birkin）在电影《口号》（*Slogan*）的首映式上穿了长袖短款针织连衣裙，这条裙子在狗仔队的闪光灯下变得透明。伯金在接受法国版《时尚》杂志采访时表示，她并没有意识到这条裙子是透明的，如果她知道的话，她就不会穿“内裤”了。1980年，戴安娜·斯宾塞（Diana Spencer）女士穿着一条没有衬裙的薄裙子在背光下被拍到给学龄前儿童上课，这是罕见的失礼。穿裸裙的第一条规则是，你要知道你穿的是裸裙。然而，涉及强光和不透明面料的事故仍在不断发生。2018年，模特兼女演员艾米丽·拉塔科夫斯基（Emily Ratajkowski）表示穿着裸裙走红毯令她十分开心，她在Instagram上发布了一张自己参加艾美奖（Emmy

---

* 美国超级碗橄榄球赛。

Awards）颁奖典礼后派对的着装照片，并配文说："真正的朋友会在你离开家之前用闪光灯给你拍照，看看你的裙子有多透。"

裸装潮流直接促成了硅谷的一项重大创新——谷歌图片（Google Image）。2000 年，当詹妮弗·洛佩兹（Jennifer Lopez）出席在洛杉矶举行的格莱美颁奖典礼时，她穿着一件低胸的范思哲轻薄丝质礼服，全身上下只用一枚柠黄色胸针和
156 双面胶带固定，她真的轰动了互联网（见彩插图 21）。谷歌前首席执行官埃里克·施密特（Eric Schmidt）回忆说："当时，这是我们见过的最流行的搜索词。但我们没有万无一失的办法让用户精准搜到他们想要的东西——詹妮弗·洛佩兹穿的那条裙子。"[5] 搜索结果仅限于带有链接的简单文本页面，因此谷歌意识到网站需要一个图片搜索工具并着手开发，于 2001 年 7 月 12 日推出"谷歌图片"。推动谷歌图片诞生的这条裙子提高了红毯风格的门槛，而且在 Instagram 出现的十多年之前，便预示了社交媒体在引领时尚潮流［以及传播不宜在办公室浏览（NSFW）的照片］方面的作用。时尚记者罗宾·吉夫汉（Robin Givhan）表示，如果没有洛佩兹，谷歌图片最终可能也会出现，但她的这条裙子之所以备受关注，是因为"它既露又不露。它令人神魂颠倒是因为它随时有滑落的危险"。[6] 激发人们想象力和敲击键盘的不是裸露本身，而是裸露的可能性。

红毯在加速裸装崛起方面的作用怎么强调都不为过。虽然只有少数摄影师被允许进入派对或颁奖典礼现场，但摄影师都

可以进入红毯旁的媒体拍摄专区，利用折叠梯和立板来获得有利的视角，他们越来越多地进行直播或将拍摄画面在几秒内发布到网上。“连晒”（step-and-repeat）*——指的是在21世纪初开始使用的贴满赞助商标志的临时墙或横幅——把红毯变成了一个现场广告，对女演员和她的设计师以及活动本身都是如此。裸裙以其大胆的设计和视觉上“现在就看”的吸引力，引起了人们的关注。

到了2015年，纽约大都会艺术博物馆慈善舞会上出现了三位裸体礼服穿着者，分别是洛佩兹（身着胸部和私处被盘 157
卧的红色刺绣巨龙覆盖的范思哲礼服）、碧昂丝（身穿透明的镶满珠宝的纪梵希礼服）和金·卡戴珊（Kim Kardashian）[穿着由彼得·登达斯（Peter Dundas）为罗伯托·卡瓦利（Roberto Cavalli）设计的白色羽毛礼服，向雪儿参加纽约大都会艺术博物馆慈善舞会时穿的礼服致敬]。卡戴珊曾表示自己将雪儿视为时尚榜样，在2019年将裸裙更进一步发展，她穿着蒂埃里·穆格勒（Thierry Mugler）乳胶裙出席了纽约大都会艺术博物馆慈善舞会，这条裙子是一件短款紧身裸裙，而且看上去湿漉漉的，这是由挂在裙子上像水滴一样的串珠水晶造成的幻觉。她的发型是用发胶打理成的油亮波浪卷发，与服装相配，她的皮肤涂满油露，散发光泽，这一美学灵感来自加利福尼亚的冲浪运动和索菲亚·罗兰（Sophia Loren）1957

---

* 把一个影像作规律编排的复制。

年的电影《海豚上的男孩》(*Boy on a Dolphin*)。虽然这身塑造错视感的装扮与晚会的主题“坎普：时尚笔记”(Camp: Notes on Fashion)相符合，但社交媒体给它贴上了“上釉的羊角面包裙”的标签。

裸裙的捍卫者通常将其描述为女性性自主的工具，而不是刻板的性感“钓鱼帖”(thirst trap)的工具，这是一个可以追溯到2011年的俚语，意味着强烈的欲望和不顾一切地寻求关注。但它也可以做出与时尚或女性情欲无关的有力声明。2002年奥斯卡颁奖典礼上，女演员哈莉·贝瑞(Halle Berry)穿着艾莉·萨博(Elie Saab)的酒红色礼服出席，该礼服的缎面裙摆宽大，透视上衣上巧妙地装饰着花卉刺绣带，这身暴露的礼服在红毯上吸引了人们的眼球。尽管贝瑞在好莱坞以好身材闻名，但这身性感造型与她在令人感觉压抑的电影《死囚之舞》(*Monster's Ball*)中获得提名的戏剧性角色完全不搭。但当
158 晚晚些时候，当贝瑞成为第一位(也是迄今为止唯一一位)获得奥斯卡最佳女演员的黑人女性时，她在一条并不总是欢迎黑人女性的红毯上自豪地展示自己的皮肤，这突然变得很恰当。2018年，贝瑞穿着由雷姆·阿克拉(Reem Acra)设计的另一件酒红色裸裙参加了全国有色人种协会形象奖(NAACP Image Awards)颁奖晚会，其造型可能参考了那个创造历史的夜晚，但这一次她的下半身采用了透明的面料，私处只有一条蕾丝。

作为一名时装和彩妆企业家，出生于巴巴多斯的女演

员兼歌手蕾哈娜（Rihanna）直言不讳地表示，要为不同身材和肤色的人提供选择。她对自己以黑色皮肤出现在红毯上感觉良好。当她接受美国时装设计师协会（Council of Fashion Designers of America）颁发的2014年时尚偶像奖（Fashion Icon Award）时，她没有辜负她的新头衔，她近乎全裸出镜。她那件由亚当·塞尔曼（Adam Selman）设计的薄纱礼服上镶嵌着23万颗施华洛世奇水晶，还搭配了装饰华丽的头巾和手套。她只穿了一条肉色的丁字裤，后来她说，她真希望自己能把这条丁字裤弄得漂漂亮亮的，以搭配这件礼服。蕾哈娜在获奖感言中透露："我记得我小时候就在想，'她可以打败我，但她不能打败我的服装'。直到今天，我还是这么想的：我可以用我的时尚弥补我的所有弱点！"她的穿着凸显了她毫不掩饰的自信。2019年，这位明星在接受《T》杂志采访时表示："我不会放弃做一个女人，不会放弃做一个黑人，不会放弃表达自己的观点。"

加拿大名模温妮·哈洛（Winnie Harlow）于2014年因参加《全美超模大赛》（*American's Next Top Model*）真人秀而一举成名，她患有白癜风，这种皮肤病会导致不均匀的斑块性色素沉着。因为小时候曾被人欺负过，哈洛成为白癜风的公众代言人，并出现在时尚杂志、广告和音乐视频中。哈洛 159
在几次红毯活动和照片拍摄中都穿了裸裙，她暴露的不仅仅是她的身材，还有她独特的皮肤，尽管她知道不管她穿什么都会让一些人感到不舒服。哈洛用时尚——它所隐藏的和揭示的东西——来挑战人们对美丽、种族和女性身体的期望，并将自己作为一件艺术品来展示。

就在裸裙似乎已经暴露了它所有的秘密时，詹妮弗 · 洛佩兹在米兰举行的范思哲 2020 春夏时装秀上，穿了一件她 20 年前穿的标志性绿色礼服的升级版（见彩插图 22）。裙子没有变老，洛佩兹似乎也没有变老，她刚刚 50 岁。一个赤裸裸的事实是，一个 50 岁的女人仍然可以是一个“钓鱼帖”，并以一件完美展现她身材的裙子来炫耀这一点。该系列是为了纪念范思哲的“丛林”（Jungle）印花推出 20 周年而设计的。这一排缀满绿色藤蔓和棕榈叶的礼服让人想起伊甸园，在那里，夏娃吃了知识之树的果实，用无花果叶遮住了她的裸体。但时装秀上的这些女人却赤身裸体，并不感到羞耻。

8

160

迷你裙

时尚界的终极先锋

The Miniskirt: Fashion's Final Frontier

1964 年，迷你裙（miniskirt）的出现引发了一阵狂热，这使得关于无肩带领口的争议显得有些过时了。但是迷你裙的设计从来就不是为了性感。惊讶吧？是的，不是为了性感。穿着高跟鞋、上托胸罩和紧身短裙的魅力女郎——想想《本能》（*Basic Instinct*）中的莎朗 · 斯通（Sharon Stone）——是一个比较近期出现的老套形象（见第 10 章）。20 世纪 60 年代的迷你裙代表的是青春，而不是性感。它总是搭配平底鞋，通常看起来像是从儿童专柜买的东西，有简单的 A 字廓形和俏皮的、近乎幼稚的式样。它的性能量和性危险性不在于它展现了什么，而在于它代表了什么。作为它的主要支持者之一，英国设计师玛丽·奎恩特说，这是“有史以来最自我放纵、最乐观的时尚（“看看我，生活多美好”），它代表了60年代、女性解放、避孕药和摇滚乐……这是女性解放的开始”。[1]

自20世纪20年代以来，女性的裙摆长度变化如潮涨潮落。
161 有人认为裙子长度的波动可以预测股市走向，此即“裙摆指数”（hemline index），虽然这是一种谬论，但裙摆长度往往是生活方式和道德标准变化的可靠指标（见第2章）。裙摆在“新风貌”时代骤降至小腿之后，在20世纪50年代末又开始缓慢上升。克里斯汀·迪奥精心打造的紧身衣让位于克里斯托瓦尔·巴伦西亚加宽松的“麻袋”连衣裙，这种连衣裙上身宽松，膝盖处收紧，其不平衡的比例将人们的注意力吸引到较短的裙摆上。1959年，伊夫·圣罗兰为迪奥设计的同样不显腰身的“空中飞人”（Trapeze）系列彻底颠覆了这种风格，宽A字裙在膝盖下方突然结束，突出了纤细的小腿，预示着接下来10年的短裙风潮。

二战后的婴儿潮引发了一场“青年震荡”（youthquake）*；到了60年代中期，美国和英国大约40%的人口年龄在25岁以下。法国、加拿大、澳大利亚和新西兰也经历了类似的人口剧变。在经历了多年的战时紧缩之后——在某些情况下，这种紧缩在二战结束后还持续了很长时间——这些国家的经济终于开始繁荣起来。由于不再强制服兵役，规模可观的年轻一代比

---

* 由年轻人的行动或影响引起的重大文化、政治或社会变革，尤其是时尚文化。

上一代人拥有了更多的时间和金钱。一股新的摇滚音乐浪潮记录了那个时代的活力和乐观。

时尚也表达了这一点。奎恩特在 1966 年的自传中写道："曾几何时，每个 20 岁以下的女孩都渴望自己看起来像一个老练、成熟的 30 岁女人。现在，这一切完全反过来了。突然之间，每个有希望摆脱少女感的女孩都希望自己看上去不仅低于选举年龄，而且低于法定年龄。"这不仅是向前迈出的一步，而 162
且是对 20 世纪 50 年代社会和服装保守主义的反击。《星期日泰晤士报》的时尚作家梅里尔 · 麦库伊（Meriel McCoey）回忆道："20 世纪 50 年代，我们过得很压抑。刚从战争中走出来，一切都显得保守严肃。你会觉得自己被衣服包裹住了，服装太压抑了，甚至连内裤都让人感到压抑。"[2] 年轻女性打扮得像她们的母亲，戴着帽子、手套，穿着束腰紧身衣，她们别无选择。伦敦开创性的精品店芘芭（Biba）的老板芭芭拉 · 胡兰尼基（Barbara Hulanicki）抱怨道："20 世纪 50 年代末的流行款式绝对是为 30 岁以上的人准备的。让自己穿上漂亮的衣服看起来几乎是不可能的……几乎没有专门为年轻人设计的东西。"[3] 这种情况即将改变。时尚编辑欧内斯廷 · 卡特回忆说："60 年代开始时，时尚界一片沉寂。这是一锅牛奶即将沸腾的寂静。"[4]

苏联人在 1957 年发射了人造卫星，但就时尚界而言，太空时代直到 1964 年才开启，当时安德烈 · 库雷热在巴黎让模特们戴着头盔形状的帽子、穿着金属连体装（jumpsuits）和平底白色短靴"月亮靴"（moon boots）在 T 台上走秀。在第二次世界大战中担任飞行员之前，库雷热接受过土木工程师的培训，在巴黎世家工作了10年，他的巴斯克血统使他得以进入原本全是西班牙人的时装店。在那里，他内化了巴黎世家“优雅就是淘汰”（Elegance is elimination）的理念。在1961年创立自己的品牌后，库雷热开始摒弃胸罩（他在1965年预测“10年之后，胸罩将像今天的鲸骨紧身胸衣一样被遗忘”。），并缩短裙子长度，据卡特描述：“用巴黎最短的裙子为
164 迷你裙指明方向。”[5] 在1964年4月发布的“月亮女孩”（Moon Collection）系列中，库雷热将裙摆提到了极限，设想了一个由人造材料、中性服装和几何轮廓组成的未来空间景观。虽然20世纪20年代最大胆的裙子往往也会遮住膝盖，但这一系列却露出膝盖，甚至露的更多，极大地改变了时尚女性的身材比例。时尚记者玛丽琳·本德（Marylin Bender）解释道：“靴子的设计是为了调整审美。库雷热的单品是一场灾难。然而，他的整体造型却是现代的同义词。”[6]

宇航员之所以穿白色的太空服，是因为在漆黑的太空中，白色能让他们格外显眼。库雷热设计了他所谓的“小白裙”，它代表了一个对乌托邦式未来的乐观愿景以及新的纺织技术，这些技术使得荧光白的出现成为可能，这种颜色让人联想到科学家在实验室里穿的白大褂和月球的荧光。《时尚》杂志称其为“全新的纯白色剧场”。《生活》杂志称这位设计师为“太空女士之王”。法国版《时尚》赞之为“库雷热革命”，并强烈要求：“你是支持还是反对？”没有中间立场。库雷热的“太空”

(out-of-this world)系列既具有煽动性，又令人振奋。《纽约时报》在 1964 年 8 月报道说：“自上一季推出以来，他备受争议的长裤套装、膝盖以上的裙子和光滑的中筒靴就引起了人们的极大兴趣。它们很有意义，同时也让女性对自己的生活有了大胆的新视角。”帕科 · 拉巴尼（Paco Rabanne）、皮尔 · 卡丹和鲁迪 · 简莱什（Rudi Gernreich）等设计师也纷纷效仿。虽然他的许多想法都遥遥领先于他的时代，比如那些头盔形状的帽子，或者他的透明薄纱连身短裤，但他的短裙却是有裤腿的。

尽管库雷热有航空背景，但他的“太空美学”推崇“太 165
空旅行的意象，而不考虑其现实情况”，芭芭拉 · 布朗尼（Barbara Brownie）观察到，这更多地归功于科幻小说而非科学。[7] 第一位女性宇航员是苏联宇航员瓦伦蒂娜 · 捷列什科娃（Valentina Tereshkova），她在 1963 年飞上太空，当时她穿着一件男女通用的蓝色正面拉链连体裤，而不是白色迷你裙。但自 20 世纪 40 年代以来，短裙一直是科幻小说的一个特征，是创造性未来主义的一部分，它将女性设想为执行太空任务时必不可少的、得到授权的机组成员。1950 年首播的开创性电视连续剧《太空巡逻》（*Space Patrol*）以其强势的女性角色和她们的短裙以及平底靴而出名。库雷热无疑给赫迪 · 艾米斯（Hardy Amies）为 1968 年上映的《2001 太空漫游》（*2001: A Space Odyssey*）设计的服装提供了灵感。[同年，帕科 · 拉巴尼（Paco Rabanne）让简 · 方达（Jane Fonda）

163 1965 年夏天，女演员克劳迪娜·奥格尔（Claudine Auger）穿着安德烈·库雷热设计的超短裙和月亮靴，在巴黎阻止交通。
埃弗雷特收藏

扮演的芭芭拉穿上了短而暴露的紧身衣，这是一种更性感的太空服。]

1966 年，《星际迷航》（*Star Trek*）首演，美国企业号航空母舰（USS Enterprise）上的首席通讯官是穿着迷你裙的女中尉尼奥塔·乌胡拉（Lientenant Nyota Uhura）（见彩插图 23）。与库雷热的纯白色形成鲜明对比的是，威廉·泰斯（William Theiss）在为该片设计服装时使用了大胆的原色，这是一种巧妙的策略，旨在鼓励观众将他们的黑白电视机升级为美国无线电公司的新彩电。但其设计的迷你裙、长筒靴（go-go boots）和针织连体衣都与库雷热和卡丹的风格相呼应。饰演乌胡拉的女演员妮切尔·尼科尔斯（Nichelle Nichols）说：“在后来，特别是在 70 年代妇女运动产生全面影响的时候，人们开始批评我在剧中的穿着。一些人认为指挥组中的女性穿得如此性感‘有失身份’。”尼科尔斯对此感到惊讶。她解释说：“与今天许多人的看法相反，当时没有人真的认为这算有失身份。事实上，迷你裙是性解放的象征。更重要 166
的是，在 20 世纪，无论你穿什么或不穿什么，你都会因你的能力而受到尊重。”[8] 的确，库雷热认为高定时装令女性失望。1972 年 7 月，他对《女装日报》说：“你再也不能稀里糊涂过一辈子了。你要跑，要跳舞，要开车，要乘飞机而不是坐火车。衣服也必须能够让人轻松移动。”与 20 世纪 50 年代的贵宾犬裙和铅笔裙相比，迷你裙是为方便活动而设计的。

当然，让迷你裙出名并不需要一个具有宇宙主义思维的时装设计师。早在 1958 年，远离巴黎时装界的伦敦年轻女性已经开始缩短她们裙子的长度了。设计师玛丽·奎恩特是“膝盖以上的裙子”的早期形象大使，她在 1960 年访问纽约时穿了一条及膝裙。在库雷热自己看来，“他是发明迷你裙的人。玛丽·奎恩特只是把这个想法商业化了”。但奎恩特强调这是历史发展的必然，“发明迷你裙的不是我或库雷热……是街上的女孩们”。[9] 然而，奎恩特对于迷你裙命名的贡献应该得到世人的认可。“迷你裙”一词直到 1965 年才出现在印刷品上，它很可能是由奎恩特创造的，她的爱车也是迷你库珀（Mini Cooper），这是一款宝马旗下的豪华小型车。

愤世嫉俗的人预测，这种令人震惊的款式不可能熬过第一个夏天，但随着气温的下降，裙摆长度一直保持不变。下定决心要穿着迷你裙抵御寒冷的女性，只需加上厚厚的彩色紧身衣和靴子。迷你裙从夜总会发展到大学校园再到写字楼，并在这一过程中变得越来越短，先是露出膝盖，然后是大腿下部，最后是整条腿。照片显示，裙摆在 1966 年达到了膝盖以上六七
167 英寸的最高点。（照片证据对于研究裙摆长度的变化是必不可少的，因为许多现存的 20 世纪 60 年代初制作的裙子在后来的日子里都被剪短了。）1967 年，一位纽约设计师在接受《时代周刊》杂志采访时打趣道：“有微型迷你、超微型迷你，还有‘哦，我的上帝’和‘你好，警官’。”

1955 年，奎恩特在波希米亚风格的切尔西社区开设了自己的精品店“芭莎”（Bazaar）。芭莎不是时装屋、百货商店或

连锁店，而是一种全新的事物。它既是一个零售商店，也是一个聚会场所。舞蹈家、音乐家、摩登派和垮掉派都被奎恩特俏皮、诙谐的橱窗展示所吸引，橱窗里展示的超短裙模特摆着怪诞姿势。奎恩特最初打算销售别人设计的服装，但她不满意可供选择的现有服装，于是开始参加晚间缝纫课程，这样她就可以自己制作服装。她有设计天赋，能毫不费力地将印花和面料纹理混合在一起，同时融入工业元素，比如对比鲜明的明缝和明显的拉链头。《时尚芭莎》的时尚编辑欧内斯廷 · 卡特回忆说：“到了 1960 年，玛丽开始发明创造，不再只是制作她在国王路上看到的东西。她创造了自己的风格——一种让英国人摆脱对服装传统态度的风格。她是第一个表达一种席卷世界的情绪的人。”[10]

到了 1967 年，伦敦已经有两千多家这样的“精品店”，英国街头时尚被国际公认为“切尔西风格”（Chelsea Look）*或“伦敦风格”。巴伦西亚加的传记作者玛丽 · 布鲁姆（Mary Blume）指出：“法国远远落后了。精品店（boutique）这个词可能来自法国，但在古怪的小商店里胡乱摆放的廉价时装可不是法国货。”[11] 库雷热和伊夫 · 圣罗兰正试图改变这种状况，后 168
者在 1966 年开了自己的左岸（Rive Gauche）成衣精品店。但与传统成衣相比，英国的精品店文化更接近今天的快餐时尚。

---

* 在 20 世纪 60 年代红极一时。当时的主流审美就是骨瘦如柴的身形外加清纯迷茫的面孔。

芭莎的库存不断更新，因为这些衣服卖得很快，奎恩特制作得也很快。年轻一代（以及迎合他们的媒体）的普遍共识是，高级定制时装即使还未消亡，也已奄奄一息。

奎恩特提出了一种全新的替代方案，用意想不到的比例、颜色和面料推出了年轻化、穿戴舒适的连衣裙和西装。她打破了所有的着装礼仪规则，休闲装用正式的面料制作，夏天的款式用冬季的面料制作。其服装的廓形简单，不需要紧身胸衣、束腰或衬裙。它们不仅看起来与众不同，还挑战了时尚的理念，使其比大西洋彼岸出售的高级定制时装更个性化、更有趣、更体现民主。尽管奎恩特的服装将乳沟隐藏起来，但随着裙子越来越短，连裤袜成为必不可少的配饰，因为短裙暴露了用来固定传统丝袜的吊袜带。但奎恩特很难找到她需要的明亮色调的连裤袜来搭配她的迷你裙。她在自传中写道："袜子制造商没有合适的机器，所以我劝说戏服制造商为我们生产连裤袜。"奎恩特并不是连裤袜的发明者，而是连裤袜商业化的推动者，将其从舞蹈工作室带入主流市场，推动袜子制造商采用不透明的芥末黄、闪光银色或狂野的现代欧普艺术图案。当奎恩特为美国百货公司杰西潘尼（JCPenney）* 设计一个系列时，她"说服他们，如果他们想要迷你裙大卖，提供全系列的连裤袜（他们以前几乎没有库存）对公司至关重要"。这一策略非常成功，

* 美国的大型门市连锁公司，主要销售男装、女装、童装、珠宝、鞋类、饰品和家居用品等，总部位于得克萨斯州的普莱诺（Plano）。

以至于“其把所有的袜子购买力都转向了连裤袜，并且很好地说服了美国袜子制造商，使他们相信连裤袜是未来的趋势，以至于他们多年来仅凭这个决定就获得了回报。他们赚了数百万美元”。 169

就像可可·香奈儿一样，奎恩特也是为自己而设计，她是自己最好的广告。奎恩特是一位年轻、有主见的职业女性，留着修剪得棱角分明的维达尔·沙宣（Vidal Sassoon）五分式波波头。她宣称“时尚是一种在家庭之外的生活中竞争的工具”，以此概括她个人的女权主义品牌。她相信未来是光明的——毫不夸张地说。《每日镜报》的时尚编辑费利西蒂·格林（Felicity Green）说：“这条小裙子一点也不黑。色彩以一种前所未见的方式爆炸。”奎恩特避开了从头到脚的“垮掉派”黑色美学，采用了大胆的原色和现代艺术印花，以搭配她用雕塑感十足的面料制作的短A字裙，比如粗花呢面料、粘胶羊毛针织面料和亚麻合成混纺面料——这些元素后来成为“伦敦风格”的标志。奎恩特个人最喜欢的是一件前拉链溜冰裙，它的短喇叭裙摆展现了穿着者溜冰场上的优雅姿态和动感。重点不是裸露女性的腿，而是解放她们，正如奎恩特所说，女性应该能够跑着去赶公共汽车。“青年震荡”时尚的主要提供者——奎恩特、胡兰尼基、马里恩·福勒（Marion Foale）、莎莉·塔芬（Sally Tuffin），以及美国的贝齐·约翰逊（Betsey Johnson）和邦妮·卡辛——都是女性，这绝非偶然。格林说：“那是小裙子的时代，小裙子是女孩为女孩设计的小裙子。它们

奎恩特设计的前拉链溜冰裙。
Wikimedia Commons

极具女性魅力。”[12]

第二次世界大战改变了女性的喜好和想法，尽管她们享有
170 前所未有的机会和自由，但她们仍然向往更简单的时光，甚至想回到童年。“对我来说，成年人的外表非常不吸引人，令人

震惊和恐惧，呆板，拘束，丑陋，”奎恩特说，“我知道我不想长大，不想变成那样。”[13] 她为女性服装设计了五颜六色的荷叶边、蝴蝶结、罩衫、贴袋、围裙、雏菊印花和彼得潘领，配上女学生草帽、玛丽珍鞋、辫子和及膝袜。有一件红色连衣裙还搭配了荷叶边内裤，裙子很短，足以露出内裤。高裙摆和高腰线设计模仿了童装的剪裁，让穿着者的腿看起来修长。奎恩特用大胆的男装元素来平衡这些少女般的幻想元素，比如在小马甲下叠加的丝绸领带、剪裁合身的裤子和灰色法兰绒裙装。一件长款开衫裙的灵感来自雷克斯·哈里森（Rex Harrison）在《窈窕淑女》（*My Fair Lady*）中扮演亨利·希金斯教授时穿的毛衣，《窈窕淑女》是 1958 年伦敦西区的热门音乐剧。艺术经纪人桑迪·利伯森（Sandy Lieberson）回忆说：“‘伦敦风格’既非常女性化，又令人难以置信的现代和前卫。平底鞋、紧身衣——一切都是为了实用，不仅仅是为了装饰。它把女性从时尚的陷阱中解放出来。”[14] 正如前美国小姐贝丝·迈尔森（Bess Myerson）在 1996 年的一场时装秀上对观众说的那样：“我们过去穿得像杰奎琳·肯尼迪，现在穿得像卡洛琳·肯尼迪。”[15] 卡洛琳当时只有 8 岁。

奎恩特的大多数客户和模特都太年轻，不记得第二次世界大战，但她们经历了战后的艰辛岁月。“她们不习惯吃大餐，”胡兰尼基在自传中回忆道，“她们是战后出生的，童年时缺乏蛋白质的滋养，长大后变成了漂亮的瘦子。这恰好是设计师的梦想。她们不需要太多修饰就能显得十分出色，服装越简单越好， 171

裙子越短越好。”像佩内洛普·特里（Penelope Tree）和崔姬（Twiggy）这样的大眼睛、身材纤瘦的天真少女在英国《时尚》杂志上塑造了“伦敦风格”。崔姬［原名莱斯莉·霍恩比（Lesley Hornby）］在被《每日快报》评选为“66年面孔”后一举成名。她以短发和苗条的“男孩”身材而著称，加上她的短裙和平底鞋，这些让她看起来像一个现代的随意女郎。但她经常穿卡通风格的肥大稚气的衣服。她那双涂了睫毛的巨大眼睛给人留下了孩子般的雌雄莫辨的深刻印象，就像一个洋娃娃，或一个小女孩在玩化妆游戏（见彩插图24）。摄影师让她骑着三轮车摆姿势，或者让她害羞地拉着裙子，或者让她张开双臂扑向镜头。在接受采访时，崔姬经常像一个紧张的女学生一样坐立不安，回答问题时总是说：“我不知道。”以此来强化自己的青春活力。

时逢1965年，迷你裙得到了媒体及社会各方的最高关注。22岁的英国模特简·诗琳普顿（Jean Shrimpton）穿着一条迷你裙参加了澳大利亚墨尔本弗莱明顿赛马场（Flemington Racecourse）的德比日（Derby Day）比赛。身着科林·罗尔夫（Colin Rolfe）为她设计的迷你裙，搭配双色露脚跟平底鞋，没有戴帽子、手套或穿长袜，这公然违反了赛事规则，因此在这场严肃的赛事中引发了丑闻。（虽然当时的温度高达94华氏度，但这并不能成为这种时尚礼仪失误的理由。）显而易见的是，对诗琳普顿最直言不讳的批评来自墨尔本前市长夫人——内森夫人，其用对幼儿说话的口吻表达了对她的不屑一顾:“这个诗琳普顿是个孩子，她表现得很不礼貌。”[16] 诗琳普顿在《观察家报》(*The Observer*)上反驳道:“我一直都穿短裙，而且我还年轻，我还会继续穿短裙。”第二天，她穿着比较传统的服装来到赛马场，但她告诉记者:“我觉得墨尔本还没有为我做好准备。它似乎比伦敦落后了很多年。”这种强烈的抗议 172 可能也反映了社会中不断蔓延的阶层嫉妒情绪。众所周知，杜邦(DuPont)纺织公司曾向诗琳普顿支付了当时难以想象的两千英镑，让她前往澳大利亚，为一场用其新型奥龙丙烯酸纤维制作的时装比赛担任评委，而罗尔夫也使用这种纤维制作定制礼服。摄影师们跪下来——“就像向维多利亚时代的小伙子求婚一样。”诗琳普顿说——这样可以使裙子看起来更短。

甚至连婚纱也很短，迷你裙在第二次婚礼上特别流行，当时长裙裾被认为不适合离过婚的人。1968 年，女演员莎朗·泰特(Sharon Tate)与导演罗曼·波兰斯基(Roman Polanski)在切尔西登记办公室结婚，该办公室位于摇摆伦敦(Swinging London)* 中心的国王路上。新娘穿了一件象牙色丝质云纹超短裙，裙边饰有淡蓝色丝绒带子，据说这是她自己设计的，尽管这上面印有好莱坞定制裁缝阿尔巴(Alba)的标签。这条裙子有着高领、帝国腰线和蓬松的公主袖，反映了 20 世纪 60 年代末时尚界少女般的浪漫怀旧情怀：娃娃荷叶边、蝴蝶结、皱边衣领和印花。泰特告诉记者，“膝盖以下是文艺复

---

* 60 年代英国文化趋势的总称。

兴时期的风格”，尽管它实际上更像是维多利亚和爱德华时代的混合，裙摆略过大腿顶部。她的妹妹黛布拉（Debra）回忆说，泰特“喜欢迷你裙，她穿着它们看起来很美”。泰特精致的金色卷发上点缀着粉红色和白色的花朵，而不是头纱；她搭配了透明的白色紧身裤和白色低跟鞋。波兰斯基同样紧跟爱德华时代的潮流，他穿着从杰克·弗农（Jack Vernon）的好莱坞精品店购买的橄榄绿双排扣长礼服大衣，里面是喇叭裤和褶
173 边短衬衫。一位观察家形容他是“小勋爵方特洛伊（Little Lord Fauntleroy）和林戈·斯塔尔（Ringo Starr）* 的结合体”。与泰特在《娃娃谷》（*Valley of the Dolls*）中合作的芭芭拉·帕金斯作为伴娘穿了一条几乎和新娘一样短的针织迷你裙。

1967 年情人节，拉奎尔·韦尔奇（Raquel Welch）与她的第二任丈夫、制片人帕特里克·柯蒂斯（Patrick Curtis）在巴黎市政厅举行的婚礼上，也穿了一件同样大胆的白色针织迷你裙——这是在传统蕾丝基础上的一种时尚前卫做法。据《生活》杂志报道，她那件及膝的白色皮草大衣明显长于那条“用透明薄织物做的裙子”，这在等待拍摄的摄影师中“引起了一阵骚乱”。1969 年，奥黛丽·赫本与第二任丈夫、意大利精神病学家安德里亚·多蒂（Andrea Dotti）在瑞士莫赫斯市政厅结婚时，她穿了一件粉红色的纪梵希羊毛迷你裙（配上头巾，而

---

* 林戈·斯塔尔爵士，英国音乐家、歌手、演员，摇滚乐队甲壳虫乐队（The Beatles）的鼓手。

不是头纱）。她穿着别致、简单的套装，配上白色连裤袜和平底鞋，看上去比她的实际年龄 39 岁年轻多了。由于她们的裙子（或者更确切地说，她们裸露的腿）在教堂里可能看起来不合适，加之又都是离过婚的人，这三位女演员都是在市政厅再婚的，而且都是在欧洲的市政厅完婚的，在欧洲，除了可选的宗教仪式外，所有夫妇还必须举行民事仪式。这种做法使小规模、非正式但时尚前卫的第二次婚礼正常化。

一些名人对迷你裙进行了批评。可可·香奈儿就对它嗤之以鼻，她说：“在巴黎，人们的腿上已经沾了太多的灰尘和泥土，难道现在还要把它们弄到大腿上吗？”英国女王伊丽莎白二世的御用裁缝诺曼·哈特内尔（Norman Hartnell）也对此横加指责，他抱怨说，大多数女性的膝盖“就像半生不熟的岩皮饼”——类似司康饼的块状英式烤饼。[17] 时尚摄影师塞西尔·比
顿（Cecil Beaton）嘲弄道：“在时尚史上，从来没有过这么少 174
的材料被提升到如此的高度，却暴露出如此多需要遮盖的东西。”格雷夫人认为迷你裙“品味很差”。[18] 然而，女性处之泰然，一如既往地穿着迷你裙，但它不可能长久地保持在时尚前沿。到了 1970 年，就连玛丽·奎恩特也开始穿及地长裙，这迎合了她对维多利亚和爱德华时代风格的热爱。她的粉丝剪掉了沙宣式波波头，开始追求一种新的、更接地气的“伦敦风格”：改穿由劳拉·阿什利（Laura Ashley）、比尔·吉布（Bill Gibb）、奥西·克拉克（Ossie Clark）和简·缪尔（Jean Muir）等设计师设计的浪漫碎花织物制成的飘逸裙装。

当1987年《星际迷航：下一代》（*Star Trek: The Next Generation*）首映时，人们熟悉的片头使命宣言——“勇敢地前往之前没有男人去过的地方”（To boldly go where no man has gone before）——变成了性别中立的表述“勇敢地前往之前没有人去过的地方”（To boldly go where no one has gone before）。制片人吉恩·罗登贝瑞（Gene Roddenberry）又请威廉·泰斯为新一代观众更新企业号舰员的制服。女星妮切尔·尼科尔斯发现，她原来的短裙制服已经不太流行了；这似乎不再是赋权，而是幼稚。然而，泰斯并没有放弃让这部剧的女主演穿上短裙［用星际舰队的话说就是“裤裙”（skants）］，而且让男群众演员也穿上了这种裙子，将之定义为一种中性风格，不过这一定义来得太晚了。的确，这是时尚界的最后边界。但观众并不捧场；三部曲后，这个“裤裙”没有任何解释就消失了，再也没出现过。

9

175

迷笛裙

国界线

The Midi Skirt: Divider of Nations

迷笛裙（midi skirt），即中长裙，预示着女性服饰的政治和美学革命，也是美国消费文化的转折点。在长度和名称上，“迷笛”是对“迷你”的直接回击，是一种对入侵性舶来品的本土替代品。到 20 世纪 60 年代末，一度令人震惊的迷你裙已不再受欢迎，它开始变得越来越短，直到最后，它除了加长无处可去。1968 年 6 月 10 日，《女装日报》禁止女职员在办公室穿迷你裙，并在一份备忘录中解释道：“我们都知道迷你裙已经过时了。”《时尚》杂志主编戴安娜·弗里兰（Diana Vreeland）立即反驳：“《时尚》杂志已经说得很清楚了，我们相信任何长度的裙子都适合穿着者。夏季，长腿女孩穿上超短裙会显得很有味道。”[1] 这种严格限定的背书未能说服读者。这是一场缓慢却不可阻挡的抵制迷你裙运动的开始，《女装》（*Women's Wear*）杂志将其称为“裙摆战争”。

176 随着这 10 年社会和政治的动荡，女性的裙摆曾经与时尚杂志的要求步调一致地起伏，从短至大腿到长至及地，触及两者之间的每一个长度。迷你短裙和及地长裙争拔头筹。设计师（和顾客）不愿拘泥于一种长度，他们尝试了不对称的裙摆、帕角式裙摆以及长外套搭配短裙。有些人觉得时尚的无限变化让人自由，其他人则对它的起起伏伏感到沮丧。但无政府主义的精神反映了当时躁动不安的情绪，这是无法忽视的。不仅是裙摆，关于美丽、受尊重和得体的标准也在不断变化。尽管第七大道（Seventh Avenue）曾集体向这个充满感激之情的国家指示季节流行趋势，但设计师再也无法就标准长度达成一致。随着美国社会的变化——而且一直在变化——时尚在其中的角色和意义也在变化。

在这种裙摆长度的摇摆不定中，迷笛裙成为一种时髦而理智的妥协。如今，“迷笛”指的是长度略低于膝盖或至小腿中部的裙子，也指铅笔裙和宽摆裙。但它最初指的是一种特定的难以捉摸的版型：不是腿中部，而是小腿中部，从腰部到膝盖以下 4 英寸处呈 A 字加宽。无论是过去还是现在，这一廓形都很难驾驭，穿着者要做到既不会显得矮胖，也不会显得老土。如果穿错了鞋，那简直就是一场灾难。虽然不像迷你裙那么年轻化，但它最适合年轻、高挑、苗条且有自信裹住自己的女性。

和许多时尚潮流一样，它在难度和执行力上都赢得了时尚加分。

如果说迷你裙是“伦敦风格”的缩影，那么许多美国媒体则将迷笛裙归于法国人，因为法国人在 1969 年秋季巴黎时装系列中倡导“长棍”（longuette）长度。迷笛裙早在 1968 年 177
就已经出现，但在 1970 年才开始在美国引起广泛关注。1967 年的电影《雌雄大盗》（*Bonnie and Clyde*）以大萧条时期的得克萨斯州为背景，西娅多拉 · 范 · 朗克尔（Theadora Van Runkle）为影片设计服装。费 · 唐纳薇（Faye Dunaway）标志性的贝雷帽、紧身毛衣以及大地色调和纹理的七分裙成为合成面料制成的荧光色超迷你裙的不可抵抗的替代品。1970 年 7 月，《秀》（*Show*）杂志反思道：“当时可能没有人想到，《雌雄大盗》给我们这一代酸性摇滚 * 流行音乐人留下的最深远的贡献是它对时尚的影响。可能也没有想到 70 年代早期标志性的迷笛裙和裸胸的灵感来源是西朵拉 · 范 · 朗克尔……但事实就是如此。”

因此，迷笛裙远不是故作多情的怀旧之作，而是彰显了时尚界的亡命之徒坚韧的魅力。这种迷笛裙是设计师切斯特 · 温伯格（Chester Weinberg）的标志性设计，据他讲，这是“对女权运动的直接反映。这是为那些并不特别在意男人如何看

---

* 即迷幻摇滚，盛行于 60 年代中后期，是嬉皮士运动的产物之一。其音乐特色是震耳欲聋的强烈酸性摇滚节奏、尖厉响亮的电吉他单人或双人演奏。不同于重金属摇滚，迷幻摇滚没有一定的曲式，即兴演奏的成分较多，其无旋律的音调变化多端，常常富有精彩华妙的表现力。“酸性”(acid) 一词是迷幻剂 LSD 的俚语代名词，酸性摇滚因为具有狂热的迷幻音乐特点而得名。

待自己穿着方式的人准备的”。到了 1970 年，迷笛裙已经取代迷你裙出现在时尚杂志上和精品店中，虽然在消费者心中未必如此。《纽约客》(*New Yorker*)的时尚评论家肯尼迪 · 弗雷泽(Kennedy Fraser)欢呼道:“万岁，不露膝盖了！时尚女性有修长的双腿和贵族般的脚踝，但不露膝盖……她的裙子过膝至小腿。她欢迎这种裙子的回归，很高兴能穿到看起来新潮的衣服，而不是某种裤装、睡衣套装或连体裤……她厌倦了看起来像一个倒立的有胳膊、有腿的冰激凌蛋筒。”[2] 这种对比很能说
179 明问题：俏皮的迷你裙让女人看起来像孩子，而迷笛裙则代表青春永驻、永恒、浪漫。

但是，如果有人称赞这种迷笛裙的知性或女权主义特质，那么《时代周刊》则谴责它“不雅观、有损形象、不合理”。可可 · 香奈儿称其为“尴尬”(尽管她对迷你裙保有最尖刻的批评)。对于许多刚刚习惯了有史以来第一次看到女性充分展示美腿的男性来说，这是一种不受欢迎的倒退。而女性，正如时尚作家伯纳丁 · 莫里斯(Bernadine Morris)解释的那样，面临着“一个痛苦的决定，是选择短裙，让自己显得过时，还是选择长裙，让自己显得老气”。[3]

比迷笛裙的出现更令人反感的是其背后的营销攻势，其似乎无视公众舆论。1970 年 10 月 2 日，《华尔街日报》(*The Wall Street Journal*)用一个谴责性的标题总结了这种“备受鄙视但又被大肆宣传”的风格:“女人称其邋遢、不雅、压抑，但设计师们却说它还会更加流行。”事实上，《纽约客》曾

这张《雌雄大盗》(1967) 的宣传剧照再现了1933 年邦妮 · 帕克和克莱德 · 巴罗 178
的一张真实照片，唯一不同的是：原型人物邦妮的裙子长到脚踝。
Picture Lux / The Hollywood Archive/Alamy Stock Photo

警告说“再多的抗议也阻挡不了长裙的潮流”，因为时尚产业已经在这方面投入了太多。寻找迷你裙的购物者发现，货架上堆满了中长裙，还有一些长裙、裤装和高乔裤[*]。邦维特 · 特勒（Bonwit Teller）百货公司甚至禁止女售货员在店里穿迷你裙。

具有讽刺意味的是，女权主义成了被男人厌恶的迷笛裙的最大敌人，女性不再对时尚行业言听计从，去购买全新的衣服了。1970 年 10 月，旧金山反主流文化时尚杂志《破布》（*Rags*）[**] 发表了一篇题为《时尚法西斯主义：迷笛政治》
180 （Fashion Fascism: The Politics of Midi）的文章，谴责迷笛裙是资本主义的“阴谋”，除了“大而笨重”之外，它还有“内在陈旧性”。[4]（该杂志没有具体说明它与其他时尚潮流有何不同。）随着通货膨胀的加剧，迷笛裙也成了一种经济负担，其长度越长，价格就越高。

消费者、零售商和时尚媒体之间的利益冲突最终导致了《新闻周刊》所说的“1970 年迷笛裙崩溃”。3 月，一个自称为“女孩反对更多裙子”（Girls Against More Skirt，GAMS）的团体在第七大道上进行抗议，她们举着写有“腿！腿！腿！”的标语牌；抗议遍及全国，在比弗利山庄，一个类似的组织——“保护我们的女性气质和财力”（Preservation of Our Femininity and Fiances，POOFF）——散发了一份请愿书，

---

* gaucho pants，五分喇叭裤，其完整的、长及小腿的轮廓模仿了中长裙。

** 是一本领先于时代的反主流文化时尚杂志（被称为“时尚界的滚石”），专注于街头时尚而非高级时装。

要求“停止这场骗局”。4 月，“反对发号施令的设计师”（Fight Against Dictating Designers，FADD）在华盛顿特区上演了一场“突击”：一名女子站在康涅狄格大道和 K 街繁华交汇处的一张桌子上，让人从她的迷笛裙上剪掉一英尺。这一“突击”活动结束后，该组织在该市的购物区进行了游行。美联社报道称：“一名男性游行者手持一根杆子，上面的被剪的迷笛裙残片像旗帜一样飘扬。”在 7 月发生的一起被广泛报道的事件中，身穿迷你裙的女性在迈阿密一家购物中心中举着标语牌进行抗议，上面写着“脱掉迷笛，换上迷你，秒变美丽自己”。美联社指出：“把牌子举过头顶让她们原本很短的裙子变得更短了。”

这场吸引了“中年妈妈”和青少年的抗议活动被定性为言论自由问题：“她们想要选择服装的自由。”许多“妈妈”还记得 20 世纪 40 年代末和 50 年代的长裙，她们觉得迷笛裙是一种倒退，而不是进步。几天后，十几名身穿迷你裙的女性在 182
特伦顿的新泽西州议会大厦前游行。8 月，“女孩反对更多裙子”组织在波士顿“最时尚的服装店”前游行，合众国际社报道称：“该组织认为，制造商试图利用一些女性对时尚潮流的敏锐感知能力。”又过了几天，《生活》杂志把一位女购物者作为封面人物，她在更衣室的镜子前拿着一条土褐色的迷笛裙和她的普奇（Pucci）* 迷你裙对比，标题是“销售迷笛裙的斗争：美元和压力能战胜我们吗？”（见彩插图 25）它预测：“如果反迷

---

* 意大利高级时装品牌。

181

1970 年，穿着迷你裙的女性在迈阿密游行，抗议新的迷笛裙长度，这是世界各地许多类似的抗议活动之一。
Jim Kerlin/ 美联社 /Shutterstock.com

你势力得逞，时尚将告别膝盖，甚至小腿。”它引用了“将迷笛裙强推给不情愿的公众”这一阴谋幕后的零售商的话，包括尼曼·马库斯（Neiman Marcus）* 的斯坦利·马库斯（Stanley Marcus）和萨克斯第五大道百货公司（Saks Fifth Avenue）总裁戈登·富兰克林（Gordon Franklin），他们都宣布迷你裙已死。与此同时，像多丽丝·戴、《今日秀》（*Today Show*）主持人芭芭拉·沃尔特斯（Barbara Walters）以及《女装日报》出版人詹姆斯·布雷迪（James Brady）这样的“迷笛裙爱好者”则对较长的迷笛裙赞不绝口。但最精彩的言论来自迷笛裙的批评者，她们说迷笛裙让她们“看起来就像法国妓女”，或者“感觉自己在一部糟糕的俄罗斯老电影里”。[5]

一些零售商后退了，担心他们的销售额会随着裙摆的下降而下降。8 月中旬，美国中西部的一位店主在写给《女装日报》的一封信中抱怨道：“你们试图推广一种消费者还没有准备好接受的时尚，这对生产商和零售商来说是一种伤害。”《时尚》杂志 1971 年前三个月的广告收入下降了 38%，该杂志的许多广告客户都被强烈的抵制所激怒。1971 年 5 月，弗里兰被毫不客气地降职为顾问编辑，但损失已经造成。摇摆不定的裙摆长度不仅使商家没能卖出更多的裙子，还削弱了消费者对时尚杂志 183
乃至整个时尚行业的信心，取而代之的是一种叛逆的愤世嫉俗情绪。

---

* 美国以经营奢侈品为主的高端百货商店。

尽管迷笛裙遭到了抵制，但迷你裙的风潮确实也衰落了，不过这是因为人们几乎无法买到迷你裙。裙摆战争中的真正胜利者是……裤子。对许多女性而言，它是备受诟病的迷笛裙之外的一种有吸引力且适合女权主义的选择，并为裙子长度的争论提供了避难所和喘息之机。正如霍尔斯顿在 1972 年 12 月对《纽约时报》所说的："这是女性解放的一部分。裤子给了女性前所未有的行动自由。她们再也不用担心钻进低矮的家具拿东西或坐进低矮的跑车时有可能出现的尴尬了。裤子还会伴随我们很多年——如果你能在时尚界做出这样的声明，那么它可能会永远陪伴我们。"他的话被证明是预言性的。然而，在那个时代，许多餐馆、学校和办公室仍然禁止女性穿裤子，裤子并不像他所暗示的那样实用。迷笛裙仍然有它的用武之地。第二年，黛安 · 冯 · 芙丝汀宝推出了她广受欢迎的裹身裙（见第 4 章），这种"小资连衣裙"的裙摆盖过了膝盖。

但在 1974 年 8 月，《纽约时报》为迷笛裙敲响了丧钟，报道称"女性成群结队地离开，迫使几家高级定制时装公司和小型制造商破产，服装行业陷入混乱"。迷笛裙的支持者切斯特 · 温伯格的品牌就是牺牲品之一。据报道，其他零售商将未售出的迷笛裙截短，将之作为迷你裙进行销售。《弗雷斯诺蜜蜂报》甚至刊登了一则讣告："死亡：迷笛裙，来自美国女性的强烈拒绝。"

184 及地长裙（也被称为"农家裙"或"奶奶裙"）的受欢迎程度仍然有限。它吸引了嬉皮士，他们追求民族和历史风格并将之作为主流时尚的替代品。由于 1974 年至 1983 年播出的《草原小屋》以及 1976 年美国二百周年庆典所带来的历史怀旧浪潮，及地长裙得到了广泛的接受。以学院风马球衫和款式定制著称的拉夫 · 劳伦，可能正是因为美式服饰的大量涌现，才在 1978 年推出了以牛仔为灵感的拉夫 · 劳伦西部系列和西部马球系列。迷笛裙在高级时装中消失了五年，在 1979 年以劳伦所称的“草原裙”(prairie skirt) 形式卷土重来。

虽然草原裙在长度上让人们想起了迷笛裙，但它们的外观却完全不同。草原裙不是笨重的棱角分明的 A 字形，而是宽大飘逸的，有荷叶边、褶边和扇形边。它们采用轻薄的碎花面料，如印花棉布，有时也采用结实的牛仔布或皮革面料，下摆下方有一两英寸的蕾丝或孔眼。它们通常搭配有高领、蓬蓬袖、围兜式前襟的衬衫，《洛杉矶时报》的时尚编辑玛丽露 · 卢瑟 (Marylou Luther) 讽刺地称这种款式为“草原上的小衬衫”。总部位于旧金山的冈恩 · 萨克斯和英国品牌罗兰爱思推出了诠释这种浪漫、复古风格的款式，其价格比劳伦的更实惠。劳伦的皮质款最高售价为 1000 美元。到 1982 年春天，在纽约，过膝裙的销量已经超过了裤子。[6] 但是，一种流行趋势越稳固，它的衰落就会越猛烈，没有什么比上一季的必备时装更不受欢迎的了。这款曾经无处不在的裙子到了秋天就像风滚草一样消失了。杰西潘尼公司的一位公关人员在 1983 年春天承认：“草 185
原风格去年已经过时了。”[7]

当现代迷笛裙在 2014 春夏系列中第一次亮相时，它同样

草原裙
Wikimedia Commons

带来了复古少女风的所有装饰元素：花朵、格子布、孔眼、雪纺、褶皱和波点。就像在经历了一个许多美国人被极地涡旋困在家中的漫长而寒冷的冬天后，有益身心健康的温暖天气到来，它让人联想到舞会礼服和贵宾犬裙时尚飘逸的衬裙，而不是草原裙，到 2014 年秋季，春季系列中淑女的迷笛裙已经变得更加精致、更加都市化，采用花呢、格子呢和宝石色调的绸缎，并搭配高筒靴和高领毛衣，或许还会在腰部露出一条细细的皮肤。花朵和圆点花纹都不见了，新的迷笛裙颜色更深、更厚重，看起来更像 20 世纪 70 年代的女权主义者，而不是 20 世纪 50 年代的娇柔女性。这种风格被保留了下来，“迷笛裙”成了零售分类法中的常用词，21 世纪 20 年代初，过膝裙仍在销售，“田园风”（cottagecore）将可持续性、手工制作和回归自然巧妙地包装成一种怀旧的生活方式，并渐成趋势。

裙摆战争已成为遥远的记忆，时尚界已经放下了武器。正如设计师迈克尔·科尔斯（Michael Kors）在 1992 年 5 月对《时尚》杂志说的那样：“现在的整个方向是认识到女性……有很多不同的情绪。无论你是想穿裤子和衬衫以显得中性和身材修长，还是想在晚上穿着柔软的长裙以体会非常浪漫的感觉，抑或是想在白天穿开衩的瘦长裙以表现强势和挑逗，或者如果你只是想回到你一直穿的瘦短裙，你都可以做到。”如今，由于这个行业及其市场都过于多样化和难以操控，难以推 186
广单一的廓形。如果说我们能从迷笛裙的崩溃中吸取什么教训的话，那就是女性想要的是选择，而不是神谕。时尚，顾名思义，取决于新颖，这不仅是时尚的本质，也是时尚的经济引擎。季节性的流行趋势总是会决定什么东西会被销售和穿着。但说到裙摆，就不再是迷笛裙、迷你裙或及地长裙的问题了，这三种裙子的下摆可以和平共处，还有手帕裙摆、高低裙摆、郁金香裙摆，当然还有裤子，各种风格都可以并存。甚至“迷笛”这个词本身也变得更有弹性，从齐膝长度延伸到过膝长度，迷笛裙没有统一的裙摆和版型。

迷笛裙在21世纪的鼎盛可以归结于许多因素：复古（以及受复古启发的）时尚的流行，这受到《广告狂人》（*Mad Men*）和世纪末怀旧（fin-de-siècle nostalgia）等流行文化的推动；杰出的王室和政界女性的影响，她们在外交场合穿着的端庄裙装中融入了令人羡慕的时尚元素；保守的犹太人、基督徒以及穆斯林（当今增长最快的宗教群体）对“适度”服装的需求也在不断增长。的确，宗教主题的流行文化，如美国家庭电影频道的《大爱》（*Big Love*，2006~2011）、探索旅游生活频道（TLC）的真人秀节目《迷茫的阿米什人》（*Breaking Amish*，2012~2014）和美国奈飞公司（Netflix）的剧集《离经叛道》（*Unorthodox*，2020），预示着在设计师巴特舍瓦·海（Batsheva Hay）和蔻驰（Coach）创意总监斯图尔特·维弗斯（Stuart Vevers）引领下的草原裙的回归，这是有争议的。波士顿美术博物馆（Museum of Fine Arts）时装策展人米歇尔·托里尼·菲纳莫尔（Michelle Tolini Finamore）说：“我也是”（#MeToo）* 运动也“极大地改变了女性选择展示自己的方式，把自己裹得更严实一点是可以的”。[8]

让女性显得老气或年轻、落伍或时尚、保守或前卫的因
素不是裙子的长度。任何长度的裙子都可能达到其中的任何一 187
种效果，而赢得时尚游戏的唯一方法就是拒绝遵守它的规则。
1971 年，随着迷笛裙的崩溃，媒体创造了“时尚女权主义者”
（fashion feminist）一词，用来描述这样一种女性，她们穿衣
服是为了取悦自己，而不是取悦男人，她们遵循自己的喜好，
而不是第七大道的指令。《洛杉矶时报》预测：“今年，女性可以
选择任何长度的裙子。”

* 美国反性骚扰运动。

188 # 10

紧身连衣裙

身体的装饰品

The Bodycon Dress: Anatomy as Accessory

紧身（讲究身材）连衣裙（bodycon dress）很难定义，因为它经常伪装成其他东西——小黑裙、迷你裙、裸裙。但是，就像色情作品一样，无论你是否看到它，你都会知道它是什么，因为紧身连衣裙的重点是让人们注意到身体而不是裙子本身。经典的紧身连衣裙是由紧身、有弹性的面料制成的短款无袖连衣裙。如果不是因为在设计上采用了洋娃娃般的身材比例，它会显得很端庄。

从历史来看，宽松（或“松垮”）的服装与道德放纵联系在一起。“不端庄的”（sluttish）和“不整洁的”（slatternly）这两个词最初用来形容随意的穿着，无论男女，但很快就用来指乱性的女性。从 17 世纪开始，一件宽松的长袍可以掩盖非法怀孕，这是一个常见的文学隐喻。人们穿的其他宽松款式在道德上受到怀疑，仅仅是因为它们使用了大量的面料，而面料在前工业时代是一种珍贵的商品。相反，从 15 世纪开始，通过紧身 189
服装和紧身胸衣来约束和强化女性的身体——通常从年轻的时候开始——则与体面和自我控制相关。一个不穿紧身胸衣的女人，字面上和形象上都是一个“放纵”的女人。

这种情况在 19 世纪后期开始发生变化，因为服装改革者对紧身胸衣、衬裙和裙撑等不舒服且经常损坏外形的底衣发起了抵制。在 20 世纪早期，像保罗 · 普瓦雷、马里亚诺 · 福图尼和玛德琳 · 维奥内这样的时装设计师开始强调自然的、不穿紧身胸衣的女性形象，而不是在人为束缚下塑造的理想形象。20 世纪 30 年代的德尔斐长裙和斜裁连衣裙都代表着在没有弹性面料的情况下，使服装符合女性的自然轮廓的尝试（见第 1 章）。突然之间，紧身服装而不是宽松服装在道德上受到怀疑，因为它就像人的第二层皮肤，不再有内层硬挺的底衣作为缓冲。正如梅 · 韦斯特（Mae West）对服装设计师伊迪丝 · 海德说的那样:“衣服要松到足以证明我是一位淑女，但也要紧到足以表明我是一个女人。”[1]

紧身服装上了头条，引发了事故和丑闻。1908 年，时装设计师让娜 · 玛格丽特 - 拉克鲁瓦（Jeanne Margaine-Lacroix）派了三个模特穿着她设计的“空中精灵长袍”参加在巴黎附近的隆尚赛马场举行的加勒王子大奖（Prix du Prince

Ce numéro contient : 1° Une page supplémentaire non brochée: L'INAUGURATION DU HAUT-KŒNIGSBOURG, le 13 mai ;
2° *L'Illustration théâtrale* avec le texte complet de SIMONE, de M. Brieux;
3° Le 3e fascicule du roman nouveau de M. Victor Margueritte : JEUNES FILLES

L'ILLUSTRATION

Prix de ce Numéro: Un Franc. SAMEDI 16 MAI 1908 *66e Année. — N° 3403.*

LES NOUVELLES « MERVEILLEUSES »

Trois robes collantes qui ont fait sensation, dimanche dernier, aux courses de Longchamp.

Voir l'article, page 331.

1908 年 5 月，模特身着让娜 · 玛格丽特 – 拉克鲁瓦设计的合身“执政风”（Directoire）礼服，在隆尚赛马场引发了一场丑闻。

Chronicle / Alamy Stock Photo

de Galles）比赛。时装设计师和他们的客户在赛马场上展示新时装是很平常的事。但是这种显然没有紧身胸衣的“紧身礼服”引起了“轰动”。

保罗·普瓦雷自豪地说，他在1910年推出的蹒跚裙“解放了胸部，但……束缚了双腿”。由于下摆只有12英寸的布料， 191
蹒跚裙迫使女性蹒跚而行，爬楼梯即使没有危险，也很困难。它们不仅比之前的裙子更紧，而且更短。鞋匠很高兴女人的脚突然露出来了。但是其他人则谴责蹒跚裙是“男人陷阱，或者更确切地说是女人陷阱”，并抱怨它们不仅危险而且丑陋。[2] 1912年，纽约推出了“无阶”有轨电车，女性在上车时再也不用把裙子撩到不得体的程度。

在大萧条时期，好莱坞大肆渲染性和暴力，以吸引观众重返影院。肚脐、乳沟、内衣和穿异性服装在银幕上很普遍。这引发了一波关于电影行业银幕上（和银幕下）不雅行为的投诉和诉讼浪潮。作为回应，电影公司采用了《电影制作法典》，该法典从1934年开始全面实施。这一自我审查措施以其执行者、美国电影制片与发行协会主席威廉·H. 海斯的名字命名，被称为《海斯法典》，旨在禁止电影中“真实或剪影”的裸体形象以及大尺度的性行为。但电影公司很快意识到，紧身斜裁礼服、露背款式和紧身毛衣提供了绕开《海斯法典》的捷径，允许明星穿着衣服秀身材。

最初的“毛衣女孩”是女演员拉娜·特纳，她在16岁时首次出演电影，在1937年的《永志不忘》（*They Won't For-*

get）一片中扮演一名商学院的学生。虽然她的角色有名字，但她在电影开始 12 分钟后就被谋杀了，所以制片厂的公关人员称她为“毛衣女孩”，指的是她穿着由紧身毛衣、围巾和贝雷帽组成的大学生服装。[“他们让我穿着毛衣走在街上，”特纳
192 后来告诉娱乐记者鲍勃 · 托马斯（Bob Thomas），“当你年轻的时候……一走路，乳房就会颤动。”]1942 年的《毛衣女孩》（*Sweater Girl*）讲述了一起以大学校园为背景的谋杀悬案，但在 1941 年，海斯检查处严厉打击了“毛衣镜头”，因为它违反了《电影制作法典》，展示了“私密部位”的轮廓。洛杉矶服装制造商协会（The Associated Apparel Manufacturers of Los Angeles）抗议说：“毛衣是正常的服饰，不应该被电影审查机构禁止。”1952 年，《海斯法典》被最高法院宣布违宪，紧身毛衣（以及其他暴露的服装）又重新出现在银幕上。

“毛衣女孩”在 20 世纪 40~50 年代成为美国人的典型形象，她穿着看似端庄的针织衫展示了自己的曲线。“毛衣小姐”（Miss Sweater Girl）选美比赛相当于 19 世纪中叶的湿 T 恤比赛。没有天生资本的女性开始使用假胸和其他隆胸装置，这些装置与子弹胸罩和新近流行的安哥拉羊毛、羊绒和马海毛的蓬松毛衣一起出售。作为年轻、美丽、大方和性感的象征，毛衣女孩时而被称赞为美国女性的典范，时而被指责为性犯罪激增的罪魁祸首。匹兹堡警察总监哈维 · J. 斯科特（Harvey J. Scott）在 1949 年说：“我们真正的问题是时尚女郎。她们是毛

最初的“毛衣女孩”拉娜·特纳在《永志不忘》(1937)中展现了学院派时尚。Alamy Stock Photo

衣女孩，她们还只是孩子就开始炫耀自己的曲线，而且显然她们很喜欢这样。她们会成为怎样的母亲和妻子呢？”[3] 炫耀自己的曲线已经称得上不良行为了，然而喜欢炫耀曲线说明什么呢？紧身服装是新的“放纵”。

就在毛衣女孩似乎要走上蹒跚裙的老路时，战后时期飘逸的圆裙在 20 世纪 60 年代被贴身的紧身裙所取代。这些“摇摆下裙”(wiggle skirts)和“摇摆连衣裙”(wiggle dresses)不束缚脚踝，而束缚膝盖，强调了一种蹒跚的、摇摆臀部的步态。新的合成针织面料不会下垂(或在清洗后缩水），这意味着裙子和其他衣服可以兼顾紧身和舒适。

20 世纪 70 年代末和 80 年代的设计师牛仔裤，毫无疑问是紧身的。广告以模特的后视图为特色，模特都有着顶极翘臀，还有这样的标语：“你知道我和我的 CK 牛仔裤之间有什么吗？什么也没有。”脚踝处的拉链既可以使穿着者从脚部轻松穿脱裤
194 子，又不会影响紧身效果。女人（和男人）都习惯了躺着拉上牛仔裤的拉链，有的人会穿着牛仔裤跳进满是热水的浴缸里，以让牛仔裤变形，缩到合身的程度。为了追求更紧身的牛仔裤，设计师开始在牛仔布中加入少量（1%~2%）的弹性纤维。但直到 21 世纪初，加入含量高达 6% 的弹性纤维制成的“牛仔样式打底裤”（jeggings）才进入市场，作为一种“紧身”裤和打底裤进行售卖。设计师牛仔裤的流行与 20 世纪 70~80 年代的健身热潮不谋而合，这并非偶然。那些拥有美臀和大长腿的女性想要炫耀自己；而那些没有美臀和大长腿的人也想穿牛仔裤，于是她们开始健身。

健身和暴露着装之间的联系由来已久。“体育馆”（gymnasium）一词来源于希腊语“gymnazein”，意思是“裸体锻炼”。第一届现代奥运会于 1896 年在雅典举行，灵感来自古希腊的（裸体）体育比赛。这些现代奥运选手穿着衣服，但和古代一样，只有男性才可以参加比赛。国际奥委会创始人皮埃尔·德·顾拜旦（Pierre de Coubertin）认为，让女性参赛是“不切实际、无趣、不美观和不正确的”。

直到1900年，女性才被允许参加数量非常有限的奥运会项目。

1939年，当杰克·拉兰内（Jack LaLanne）在美国开设第一家健身俱乐部时，许多医生仍然反对剧烈运动。拉兰内鼓励女性尝试举重，但很少有人这么做，健身文化仍然以男性为主。这种情况在1961年开始改变，当时曾在哈佛大学学习时加入校游泳队的约翰·肯尼迪总统发起了美国体能计划（U.S. Physical Fitness Program），将健身视为儿童健康和国家军 195
事准备的必要条件。在二战后前所未有的繁荣时期，美国人的身体真的变软了。肯尼迪的计划极大地改善了美国学校的体育教育，培养了新一代男女运动员。美国长跑运动员弗兰克·肖特（Frank Shorter）在1972年奥运会马拉松比赛中的胜利，引发了休闲跑步/“慢跑”的热潮，而同年通过的《教育法修正案》第九条（Title IX）为女学生提供了运动机会，特别是在越野和田径项目上。公园里出现了户外“健身步道”。曾经的大学橄榄球英雄和滑雪爱好者杰拉尔德·福特总统在白宫建造了一个游泳池和一个家庭健身房。

1977年上映的纪录片《泵铁》（*Pumping Iron*）让健美运动员阿诺德·施瓦辛格（Arnold Schwarzenegger）和卢·费里诺（Lou Ferrigno）声名鹊起。1985年的续集《泵铁II:女人》（*Pumping Iron II: The Women*）中有四位女性健美运动员，但其中穿着比基尼的选手让观众和片中的评委产生了分歧，评委把隆起的肌肉与男子气概联系在一起。女性更喜欢一种新的健身时尚——有氧运动。有氧运动是 20 世纪 60 年代军方用来训练新兵的运动，1982 年简 · 方达发布了她的第一个健身视频（VHS 和 Betamax 制式）后，有氧运动成为主流。健身逐渐成为一门大生意，销售的不仅有视频，还有护腿和紧身衣、高科技运动鞋、减肥书，以及家庭锻炼设备，如健身自行车、阻力带和瑞典理疗师发明的健腿器（整形外科也在蓬勃发展）。健身房曾经意味着生锈的哑铃和拳击台；现在，豪华的、会员制的、24 小时营业的“健身中心”在世界各地兴起，配有壁球场、
196 治疗池和高科技运动器械，顾客可以在没有监护的情况下举重。装备齐全的家庭健身房紧随其后。经过 20 世纪 70 年代的大规模发展，休闲网球在 20 世纪 80 年代发展到顶峰。随着女性身体变得越来越健康和强壮，无论她们穿怎样的服饰，都感觉自信满满。

健身文化侵入了流行文化。奥莉维亚 · 牛顿 – 约翰（Olivia Newton–John）* 戴着头带，在她 1981 年的洗脑神曲 *Physical* 的音乐视频中一边唱歌，一边做抬腿和开合跳。1985 年的电影《完美》（*Perfect*）讲述了一位研究健身文化的《滚石》（*Rolling Stone*）记者（约翰 · 特拉沃尔塔饰）和一位健美操教练（杰米 · 李 · 柯蒂斯饰）之间的浪漫故事。这个时代的电影的热门主题包括跑步 [《烈火战车》（*Chariots of Fire*）]、

* 澳大利亚流行音乐歌手，荣获 1974 年第 16 届格莱美奖。另外又取得 5 首冠军单曲及 15 首十大单曲的成绩，其中的 *Physical*，更连续 10 个星期成为流行榜冠军。

赛艇 [《牛津蓝调》(*Oxford Blues*)]、自行车 [《告别昨日》(*Breaking Away*)、《美国飞行器》(*American Flyers*)、《快递员》(*Quicksilver*)]、拳击 [《愤怒的公牛》(*Raging Bull*)、《洛奇》系列电影(*the Rocky movies*)]、武术 [《功夫梦》(*The Karate Kid*)、《血点》(*Bloodsport*)、《搏击之王》(*Kickboxer*)]、冰球 [《血性小子》(*Youngblood*)]、摔跤 [《夺标 27 秒》(*Vision Quest*)]，以及棒球、篮球和足球。施瓦辛格和费里诺凭借他们在健美运动方面的名气开启了健美方面的演艺事业。1987 年，甚至还有一部以有氧运动为主题的恐怖电影——《有氧杀手》(*Aerobicide*)。

时尚摄影也开始对身体顶礼膜拜。赫尔穆特·牛顿(Helmut Newton)、布鲁斯·韦伯(Bruce Weber)和赫伯·里茨(Herb Ritts)制作的广告和杂志宣传片，主打不适于在工作场所浏览的图片中的完美无瑕的男性和女性身材，这让《纽约时报》评论家希尔顿·克雷默(Hilton Kramer)在 1975 年抱怨道："时尚本身现在已经成为色情文化的一个组成部分。"卡尔文·克莱因和其他设计师发现，赤裸的身体有助于销售衣服和香水。克莱因性感撩人的牛仔裤广告被美国广播公司和哥伦比亚广播公司禁播。广告主角是 15 岁的波姬·小丝(Brooke Shields，由理查德·阿维顿拍摄)。在 20 世纪 90 年代初，克莱因的内衣广告(由赫伯·里茨拍摄)以近乎全裸的凯特·莫斯和马克·沃尔伯格为主角，与此同时，伊 197
夫·圣罗兰、古驰、汤姆·福特(Tom Ford)和神奇胸衣

（Wonderbra）广告中的裸露镜头也引发了争议。那时，数字修图在时尚摄影中已经司空见惯，创造出了既理想化又超现实的身材。

越来越多的女性最重要的时尚配饰是苗条匀称的身材。正如詹姆斯·加拉诺斯（James Galanos）在1973年委婉解释的那样："有两种类型的女士：一种是保持身材苗条以便适应新事物的时尚女士，另一种则是依赖内衣的女士。"[4] 但传统的塑形服装，如紧身胸衣和束腰，在当时贴身、露肤的时装下变得越来越难以隐藏。随着健身热潮的兴起，注重身材和裸露身体的服装也流行起来，曾经依靠内衣来塑造完美身材的女性越来越发现她们没有衣服可穿。《时尚》主编格蕾丝·米拉贝拉（Grace Mirabella）在她的回忆录《进出〈时尚〉》（*In and Out of Vogue*）中回忆道："服装不再像过去几十年的硬织物设计和工业强度的内衣那样塑造身体了。现在，身体给服装赋予了形状，结果是纯粹的大胆、纯粹的轻松和彻底的现代之美。"

就像20世纪80年代的健美操和爵士乐体操争夺霸主地位一样，有两位设计师也在争夺"紧身之王"（King if Cling）的头衔：阿瑟丁·阿拉亚（Azzedine Alaïa）和埃尔韦·莱格（Hervé Léger）。1989年，他们都推出了由松紧带构成的短款无袖连衣裙。这是裹身连衣裙的一个新转变，暗示的不是解放，而是束缚。阿拉亚将他的版本称为"木乃伊"礼服，让人想起古埃及的裹尸布；莱格的是"绷带"连衣裙。螺旋风格并

不是什么新鲜事，查尔斯·詹姆斯和珍妮·帕奎因在20世纪30年代尝试过，霍尔斯顿在20世纪70年代尝试过，但效果 198
大不相同。不同之处在于：它的结构是一排排同心圆，而不是在单块面料上缝成的螺旋状，而且用的是有弹性的材料。《洛杉矶时报》说："想象一下，像木乃伊一样裹着弹性绷带，裙摆很高，领口很低，不用继续说，你就明白了。这是时尚急救，但不适合胆小的人。"

如果说20世纪30年代和70年代的螺旋形剪裁长裙通过在没有任何附着物的面料上制造附着物来展示女性的形态，那么"绷带"连衣裙则塑造了身体，与其说是软罩，不如说是紧身胸衣。阿拉亚和莱格发现了服装制作的第三条轨道：他们利用以前只用于内衣和运动服的新型改良弹力面料，不通过剪裁或悬垂的方式，将面料条塑造成身体曲线。两位设计师都受过雕刻家的训练。阿瑟丁出生于突尼斯，曾在突尼斯美术学院学习，兼职做衣服来支付他的艺术用品费用。他像雕刻家做黏土一样，一层一层地做他的衣服。他做的裙子用了多达43块细小的布料碎片，他把这些碎片拼凑在一起，以包裹出穿着者的轮廓，这样编织的布料就可以像针织衫一样支撑住身体。[5]"当我开始设计时，我会考虑肩膀、腰部和胸部，"他说，"我想着这个女人，想着我怎么能让她更漂亮。又漂亮又健硕。女人必须像男人一样健硕。男人和女人的思想是一样的。他们必须有同样的力量。"[6]

这是一种阿拉亚和莱格与三位天才设计师共同具有的理念，

他们在同一时间开始为同一类型的女性设计。这三位天才设计师是蒂埃里·穆格勒、克劳德·蒙塔纳（Claude Montana）
199 和让-保罗·高缇耶（Jean-Paul Gaultier）。虽然每个人都有自己独特的想法，但他们都想象出了一种新的着装方式，这种方式展示了20世纪80年代女性新具有的力量，这种着装大幅度垫高了肩部，抬高了胸部，收紧了腰部，突出了修长的腿部。他们把恋物癖的迷恋之物——内衣、皮革、乳胶——变成时尚。1989年，穆格勒找到了紧身胸衣制造商和穿着者珀尔先生（Mr. Pearl），并与之展开合作，直到2019年二人仍在通力合作，当时金·卡戴珊在纽约大都会艺术博物馆慈善舞会上穿了穆格勒乳胶连衣裙，内穿珀尔先生制作的紧身胸衣（见第7章）。他们的未来主义廓形搭配锥形胸衣和摩托车造型紧身胸衣，将女性气质夸张到了一种荒诞的地步。这些都是新一代女超人的超级英雄服装，由雕塑般的“超模”向观众展示。虽然著名的美丽女性曾经被人们以其突出的身体部位来识别（见第7章），但现在要找出一个最佳的特征却越来越困难了。1989年，《时代周刊》杂志将《体育画报》（*Sports Illustrated*）的泳装封面女郎艾丽·麦克弗森（Elle Macpherson）称为“身体”。这是一个恰如其分的绰号，在那个时代，女性应该“拥有一切”，这引自《大都会》（*Cosmopolitan*）主编海伦·格莉·布朗（Helen Gurley Brown）1982年出版的专著的名字——《拥有一切》（*Having It All*）。

如果紧身连衣裙是超级英雄的紧身服装，那么它的平民身份就是权力套装，是拥有白领职业和大学教育背景的新一代职业女性的办公室着装。虽然它有男性化的风格和细节，如细条纹、翻盖口袋或凹形翻领，但典型的权力套装是色彩鲜艳的裙装，通常是短而紧的裙子，配有开衩以方便活动。肯尼迪·弗雷泽在 1979 年指出：“男人的传统商务制服……之所以继续受到青睐，不仅是因为它的保守主义，还是因为它非常实用。当穿着它的人专注于手头的工作时，完全不必在意服装风格。”然而，弗雷泽抱怨说：这款男装改成女装后“变得微不足道， 200
变成了某个角色的戏服。年轻女性高管的许多新时尚在某种程度上暗示着一种对事业的追求”。[7] 与实用的、默默无闻的男性化西装不同，抢眼的权力套装要求成为众人关注的中心，打了摩丝的头发、垫肩和高跟鞋使穿着者显得高挑。与其说它彰显了一位成功女性，不如说彰显了男性的不成功的模仿者。相比之下，紧身连衣裙显得穿着者曲线流畅、四肢修长。它把女性新具有的社会经济权力转化成了一个明确无误的女性典型风格。

阿拉亚在 1980 年创立了他的品牌，之前他曾为姬龙雪（Guy Laroche）和蒂埃里·穆格勒工作，他们鼓励他单飞。但当他受邀为葛蕾丝·琼斯（Grace Jones）在 1985 年的 007 电影《雷霆杀机》（*A View to A Kill*）中扮演的反派角色设计服装时（见彩插图 26），他在巴黎以外的地方几乎不为人知。她的紧身连帽连衣裙、丁字连体衣、黑色皮衣和带有攻击性垫肩的细条纹羊毛夹克引起了人们的关注，但未必是正面的。《骑士新闻服务》（*Knight Ridder News Service*）的吉尔·格尔森（Jill Gerson）的评论近乎于一种荡妇羞辱，她写道：“有一类女人——蒂娜·特纳、拉奎尔·韦尔奇、帕洛玛·毕加索（Paloma Picasso）——喜欢穿紧身的衣服，非常紧身，以至于衣服可以突出每一处曲线，紧贴腰部，托住臀部。对于这一特定类型的女性，这里有特定类型的设计师：阿瑟丁·阿拉亚。”[8] 但也有一些评论家欣赏他顽皮而不失可爱的审美。《华盛顿邮报》的罗宾·吉夫汉（Robin Givhan）写道：“由于阿拉亚的技艺水平和他对比例的把握，他的衣服从不俗气。相反，
201 它们是大师级的。”1985 年 10 月，琼斯和模特伊曼穿着早期的“木乃伊”礼服参加了法国的“时尚奥斯卡”（Oscars de La Mode）颁奖典礼。在这次盛典上，阿拉亚被评为年度最佳设计师。

然而，使他家喻户晓的是一部非常不同的电影。一件红色的阿拉亚“木乃伊”连衣裙在 1995 年的电影《独领风骚》（*Clueless*）中扮演了关键的角色。影片女主角是比弗利山庄的高中生雪儿·霍洛维茨（Cher Horowitz），她在参加完圣诞派对回家的路上被人用枪指着，被迫躺在一家酒类商店的停车场里。当艾米·海克尔林（Amy Heckerling）创作剧本时，她不知道为雪儿设计服装的“绝对重要的设计师”会是谁。服装设计师莫娜·梅（Mona May）发现了这条涂有口红的“木乃伊”连衣裙，并建议将其写进剧本。雪儿曾抗议：“你不明白，这是阿拉亚！”梅回忆说：“以前没有人真正知道阿拉

亚是谁。”更不用说怎么读他的名字了。在那个青少年都喜欢邋遢时尚的年代，这部电影是对高级时尚的一场毫不掩饰的颂扬。当高缇耶为 1997 年的科幻电影《第五元素》（*The Fifth Element*）设计服装时，他向他的朋友阿拉亚眨眼致意。女主角由模特米拉·乔沃维奇（Milla Jovovich）扮演，她是一个弗兰肯斯坦科学怪人式再生实验的产物。电影开始时，她被医生用绷带绑着，然后挣脱了绷带，只剩下一件由白色绷带条组成的暴露连体衣。

阿拉亚的模特都很迷人、自信，甚至有点令人生畏，尤其是当她们和身高只有五英尺（约 1.52 米）的设计师合照时。阿拉亚曾宣称：“我制作服装。女人创造时尚。”娜奥米·坎贝尔（Naomi Campbell）是他长期以来的灵感来源，他早期的客户包括雪儿、戴安娜·罗斯（Diana Ross）和麦当娜。除了他的
“木乃伊”连衣裙，阿拉亚还设计制作了毛衣连衣裙、紧身衣和 202
“紧身的醋酯丝波纹绸面礼服，礼服太紧了，模特不得不在 T 台上蹒跚而行”，[9] 以此来展现并赞美女性的身材。阿拉亚可能是一个复杂而令人生畏的人，树立起了一种拒绝遵守时尚体系规则的特立独行的形象。当他觉得准备好了的时候，他会按照自己的时间表在自己的公寓里展示自己的系列，而不是按照时装周的日程表。1983 年，阿拉亚禁止一名摄影师参加他的时装秀，因为他不赞同其所在报社对他上一个系列照片尺寸的调整方式。众所周知，他会因为不喜欢的报道而投诉编辑部。在他与百货公司就他的服装展示方式发生争吵后，布鲁明戴尔百货

店的买手们就不再来看他的时装秀了。[10] 如果莱格经常因为发明了“绷带”连衣裙而受到赞誉，那很可能是因为阿拉亚得罪了安娜·温图尔（Anna Wintour），从而不被《时尚》杂志报道。1987 年,《女装日报》宣布这位反复无常的设计师在与出版商约翰·费尔柴尔德（John Fairchild）[11] 发生争执后“完蛋了”。然而，他的事业刚刚起步。

直到 2017 年去世，阿拉亚一直坚称他的“木乃伊”连衣裙早于莱格的“绷带”连衣裙，照片证据也支持他的说法（他还指责罗伯托·卡瓦利抄袭了他的作品）。莱格曾为阿拉亚工作过，他为“绷带”连衣裙赋予了自己独特的起源故事。从艺术学校辍学成为一名发型师后，莱格做过女帽商。“有一天在一家工厂，我发现一些绷带要被扔进垃圾堆，”他解释说，“它们让我产生了一个想法，把这些绷带逐一放在一起，就像做帽子一样。”[12] 卡尔·拉格斐尔德将他招入芬迪（Fendi），并鼓励他将姓氏从发音别扭的珀涅（Peugnet）改为莱格（这让人想起
203 一个法语单词“légèreté”，意思是“轻盈”或“玩世不恭”）。莱格在 20 世纪 80 年代初为芬迪设计了带状皮草裙。1985 年，他在巴黎开设了自己的精品店，但 1989 年因财务问题关闭。几个月后，他推出了弹力粘胶“绷带”连衣裙，扭转了自己的事业颓势。

1992 年 3 月，莱格对《时尚》杂志说:“我的服装是为那些对自己的身体感到满意的女性设计的。”尽管他急忙补充说，他的客户年龄可上至 50 岁，也有些人“相当丰满”。

1992 年伊曼嫁给大卫 · 鲍伊时，他甚至为她做了一件“绷带”婚纱。莱格在洛杉矶特别受欢迎，尼曼 · 马库斯在比弗利山庄的分店卖出的莱格作品比其他任何一家连锁店都多。其著名的粉丝包括妮可 · 基德曼、吉娜 · 戴维斯和辛迪 · 克劳馥（Cindy Crawford），克劳馥在 Instagram 上说，莱格的连衣裙“让你有形有料”（见彩插图 27）。粉丝们认为，莱格的服装不但没有暴露身材缺陷，还纠正了缺陷，包容一切。莱格每年生产约 1000 件手工“绷带”连衣裙，以及其他类型的紧身服装。

这还不够，1998 年，莱格将他的公司卖给了总部位于洛杉矶的 BCBG Max Azria* 集团。起初，双方的合作关系是友好的，但当莱格在 1999 年与新东家发生争执后，他被解雇了，失去了自己的名字和标志性“绷带”连衣裙的版权。麦克斯 · 阿兹利亚（Max Azria）在 2007 年在没有创始人的情况下重新推出了这种款式。首席创意官卢波弗 · 阿兹利亚（Lubov Azria）解释说：“在我真正理解整个创意之前，我不想推出它。‘绷带’连衣裙不是编织的，它是在针织机上针织的，这是一个完全不同的概念。人们以为它是裁剪缝制的，但根本没有经过裁剪。它是先针织成一个面板，然后拼接在一起。”[13] 莱格只使用了一

---

* 美国当代女装的一个品牌。BCBG 是法语“bon chic, bon genre”的缩写，意思是“好风格，好态度”。Max Azria 是美国当代女装品类的开拓者，被认为是激进的时装产业变革者，将原本局限于小批人群的时装推广到更大的消费群体。他最为人所熟知的贡献是在早期推动了“当代时装”这一门类在美国的发展。

204 种宽度的绷带，而阿兹利亚则尝试使用更细的绷带。新一代客户金 · 卡戴珊、维多利亚 · 贝克汉姆（Victoria Beckham）、蕾哈娜、詹妮弗 · 洛佩兹注意到了这一点，而莱格“绷带”连衣裙，无论是新款还是老款，都再次成为红毯上的常客，同时成为红毯常客的还有克里斯托弗 · 凯恩（Christopher Kane）、普罗恩萨 · 施罗（Proenza Schouler）、罗伯托 · 卡瓦利和奥利维尔 · 鲁斯坦（Olivier Rousteing）为致敬巴尔曼而设计的服装。莱格再次改名为埃尔韦 · 勒鲁（Herré Leroux），并短暂担任姬龙雪的创意总监。阿拉亚曾在该公司工作过，为希拉里 · 斯万克（Hilary Swank）设计了 2005 年奥斯卡颁奖典礼上的露背紧身礼服。勒鲁于 2017 年 10 月 4 日辞世，一个多月后，阿拉亚（年长 17 岁）紧随其后。同年，BCBG Max Azria 集团申请破产，品牌被美国 Authentic Brands Group 收购。

如果说穿紧身衣曾经面临道德羞辱的风险，那么，在一个由佩洛顿（Peloon）* 主导的文化中，在女性对健身（或至少是瘦身）的痴迷程度并不比 20 世纪 80 年代低的今天，她们穿紧身衣时则有因身材不完美而被羞辱的风险，这引发了谁“有资格”穿紧身服装的问题。英国《时尚》杂志在 1922 年曾指出，“追求苗条是现代女性的主要任务之一”，这一观点在 20

* 成立于 2012 年，用了不到 5 年的时间，就成为美国家庭健身直播领域的龙头品牌，直到今天也是全球最大的互动健身平台。

世纪的大部分时间里都适用。20 世纪 60 年代末 70 年代初，随着“接受肥胖”和“肥胖行动主义”开始受到关注，这种情况开始发生变化，这一变化与第二次女权运动和民权运动同时出现（且经常重叠）。1968 年，女权主义者扰乱了在大西洋城（Atlantic City）举行的美国小姐选美比赛，将胸衣、束腰、卷发器、假睫毛、假发和女性杂志扔进了一个“自由垃圾桶”，以抗议家长式的美的理想化身。随着越来越多的女性在职场、政治领域和高等教育领域开辟了新的道路，她们优先考虑社会变 205
革，而不是时尚的无聊要求，并期待通过科技改善生活。1967 年，《时尚》杂志编辑戴安娜 · 弗里兰预言：“到 2001 年，我们将克服许多身体问题，女性的美丽将成为一个完全可以实现的梦想。”[14]

有人想知道弗里兰是否预言了塑身内衣（Spanx）* 的诞生。Spanx 内衣于 2000 年由企业家萨拉 · 布莱克利（Sara Blakely）推出，该公司出售的塑身内衣实际上可以穿在紧身衣里面。这些单品并不是革命性的——无脚控制式裤袜、弹力骑行短裤、裸色紧身衣——而且价格也不便宜。但它们使用了舒适、易于伪装的现代材料，并有可爱的名字，如“权力内裤”（Power Pauties）和“文胸恰恰”（Bra-Cha-Cha）。同样重要的是，它们对以前不可提及的事情——身材缺陷采取了一种坦率、有力的态度。布莱克利意识到，美国大多数女性都穿

* 美国知名内衣品牌，总部位于亚特兰大。

14 码及以上的服装，其中许多人也想穿紧身连衣裙。即使是苗条的女性（甚至是知名女性）也坦率地承认穿塑身裤是为了抹平臃肿和肌肉团，就像“绷带”连衣裙一样。布莱克利选择 Spanx 这个名字是因为它的“处女－妓女对立”意味，这是紧身衣的一个永恒的特征，“宽松”的意思也在不断变化。[15]

社交媒体进一步改变了身体羞辱的问题和解决方案，迫使公众对性别歧视（通常还有残疾歧视、年龄歧视和种族歧视）媒体和文化所提倡的不切实际的美丽标准进行反思。近年来，“身体积极性”（body positivity）这个词被用来指接受各种胖瘦体形、高矮身材和深浅肤色的身体——无论是你自己的身体还是其他人的身体。它承认，在时尚媒体和市场营销方
206 面，美，曾经几乎是瘦和白的同义词，现在则有多种形式。饮食失调以及过度节食和运动给人的身体和心理造成了危害，“身体积极性”包含了对这种危害更微妙的理解。它承认力量和女性气质并不相互排斥。它用“尊重曲线”（honor my curres）和“让你的美丽标准见鬼去吧”（eff your beaufy standards）等标签来庆祝普通女性和大码有影响力人物的形象。它拥有众多的名人支持者，如莉佐（Lizzo）、黛米·洛瓦托（Demi Lovato）、塞雷娜·威廉姆斯和阿什利·格雷厄姆（Ashley Graham）。在时尚行业，“身体积极性”意味着提供包容性的尺码，使用未经修饰的照片，雇佣不同身材、种族、年龄和能力的模特（和使用不同的人体模型）。介于自我关照和社会公正之间，“身体积极性”鼓励女性（以及男性）无论体型如何，

都可以穿紧身、暴露或性感的服装，而不用担心面临肥胖羞辱（fat-shaming）或荡妇羞辱（slut-shaming）*。莱格在1994年建议他的客户："你必须爱你的身体。"[16] 时尚界开始意识到：爱是放之四海而皆准的"均码"。

* 网络流行语，人们贬低或嘲笑某些女性的一种可悲的社会现象，而这些女性被羞辱的原因，可能是着装较为性感暴露、言行放浪，或者仅仅是谣传她言行放浪。

207

结　语

裙子的未来

Conclusion: The Future of Skirts

裙子注定要完蛋吗？2008 年，希拉里 · 克林顿（Hillary Clinton）竞选美国总统。虽然她不是第一个竞选美国最高职位的女性，但她是第一个处于领先地位的女性，她的着装和她的政策一样吸引了大量的关注。希拉里标志性的裤装成了深夜的笑料，也是她在某种程度上模式化第二次女权运动的象征。但这也是一种强有力的政治宣传和个人品牌塑造形式，表现出她从“穿裙子的第一夫人”到“西装革履的候选人”的变化，并鼓励选民认真对待这位纽约州参议员，将其视为一位有潜力的总统候选人。当她承认贝拉克 · 奥巴马（Barack Obama）作为最终赢家获得民主党提名时，她引用了人们熟悉的“玻璃天花板”的隐喻，其代表着阻止女性晋升权力职位的无形障碍，她告诉她的支持者：“虽然这一次我们无法打破那块最高、最硬的玻璃天花板，但由于你们的支持和努力，天花板上面出现了约 1800 万道裂缝，光明前所未有地照耀进来，让我们所有人充满希望，坚信下一次这条路会更平坦。” 208

的确如此。2016 年，希拉里再次参选并赢得民主党提名，这要归功于“裤装国”（Pantsnit Nation）——一个由女性组成的非正式联盟，她们团结在希拉里最喜欢的竞选服装的旗帜下。虽然她在选举人团（Electoral College）和总统选举中输给了唐纳德 · 特朗普（Donald Trump），但她赢得了大众选票，她的裤装为空前数量的女性进入 2020 年选举周期的总统竞选铺平了道路。其中一位是同为裤装爱好者的卡玛拉 · 哈里斯（Kamala Harris），她成为美国第一位女性副总统。“玻璃天花板”虽然没有完全破碎，但比以往任何时候都要脆弱。

但是，就在希拉里从第一夫人到参议员再到成为总统候选人的历史性上升过程中，另一个阻碍女性进步的、令人不安的障碍正在出现：玻璃楼梯。这一建筑奇迹是苹果公司首席执行官史蒂夫 · 乔布斯（Steve Jobs）的心血结晶，它是 2002 年在纽约苏豪区（SoHo）* 开业的第一家苹果商店的核心。建筑师彼得 · 博林（Peter Bohlin）解释说：“我们有一个两层楼的空间，如何让人们上下楼是一个巨大的挑战。所以我们想到了玻

* small office/home office 的缩写，即“居家办公”，也译作“苏豪区”。

璃……我们把这些楼梯做得很轻盈。”[1] 踏板不仅是用云纹玻璃做的，而且是“漂浮的”，立板用开放的缺口代替。这里曾是一座建于 1920 年的邮局，现在，透明的楼梯将购物者吸引到上层，并使这座历史建筑看起来不仅现代，而且充满了未来感。这个适合晒在 Instagram 上的特色构造成为苹果商店的一个标志；2007 年在肉库区（Meatpacking District）开业的分店有三层螺旋式玻璃楼梯，其被誉为当时最大、最复杂的玻璃楼梯。

209 这一被广泛吹捧的工程壮举，对于设计领域以及快速增长的科技行业本身的性别偏见而言，无异于一个教科书式的例子。科技博主乔安妮·麦克尼尔（Joanne McNeil）指出：“如果我委托设计任何一种商店的内部装潢，有人给我带来了包括玻璃楼梯在内的蓝图，我会让他走开。如果他没有足够的直觉去理解穿裙子的女人在上楼梯时会感到不舒服，无论玻璃是否有云纹，那么他在设计中还犯了什么错误呢？”[2] 在 2014 年“人类至上”（Above All Human）大会上，在一场关于缩小科技行业性别差距的演讲中，软件工程师、多样性倡导者特拉西·周（Tracy Chou）对观众说：“当我第一次看到苹果商店的玻璃楼梯时，我的第一反应是在那里工作的女性一定很少，因为我不想穿着裙子走上那样的楼梯。”[3] 网页开发人员尼科尔·沙利文（Nicole Sullivan）在逛完苹果商店后发了一篇博文，文中写道：“有没有人坐下来说，‘我要让女人（和穿苏格兰短裙的男人）无法进入天才吧（Genius Bar）？’当然没有……但这是否改变了女性预约去天才吧面试（或在天才吧工作）要困难得多的事实呢？没有改变。”[4]

《洛杉矶时报》文化专栏作家卡罗琳娜·A. 米兰达（Carolina A. Miranda）继续列举了其他公共建筑的例子，这些建筑都有透明的楼梯、高架人行道和上层楼面，最令人头疼的是，其中居然还包括建筑学校。她写道：“这不仅影响到在这些建筑中工作和学习的女性……而且也使建筑专业的学生认为透明人行道的想法是正常的，是一种良性的建筑特征。然而，它们并不是。”2011 年，一名女法官猛烈抨击了俄亥俄州富兰克林县（Franklin County）耗资 1.05 亿美元建的新法院，因为它在薄薄的混凝土踏板之间使用了透明的玻璃立板，形成了通风的楼梯。朱莉·M. 林奇（Julie M. Lynch）法官在接受 210
10TV* 新闻采访时表示：“我穿连衣裙是因为这是我个人的选择。当你站在楼梯井下，你可以透过楼梯看到上面……当初要建造一座崭新的办公大楼时，你怎么能不考虑在楼内工作的人员中有一半是女性这一事实呢？”美联社报道称：“保安人员已接到指示，要注意是否有人伸长脖子窥视。”[5]

可怕的巧合是，2002 年，也就是苹果苏豪店开张的那一年，带有摄像头的手机上市了，这导致了另一种不受裙子爱好者欢迎的现象：裙底照。“裙底照”指的是为了性满足而偷窥女人的裙底，这个词的历史几乎和裙子本身一样悠久，只是随着数码相机的出现，这个词又重新走进了人们的生活。这种做法在 18

* 美国俄亥俄州新闻网站，隶属于哥伦比亚广播公司。

世纪和 19 世纪尤其恶劣，当时女性穿着带“抽屉”（裆部开口的抽绳内裤）的硬挺的环形箍裙和衬裙，或者根本不穿内裤。（讽刺的是，内裤被认为是淫荡的，因为裤子是专属于男性的服装。）让 - 霍诺雷 · 弗拉戈纳尔（Jean-Honoré Fragonard）于 1767 年创作的标志性画作《秋千》（*The Swing*）颂扬了童年游戏的简单快乐，同时也赞美了更成人化的裙底挑逗乐趣。康康舞（cancan）是一种在美好年代（Belle Epoque）的法国音乐厅内表演的高踢腿舞蹈，其吸引力和名声源于舞者穿着“抽屉”式的内裤。由摔倒或走光引发的意外的裙底风光是色情印刷品和淫秽诗歌的素材。正如艺术历史学家安妮 · 霍兰德（Anne Hollander）所观察到的那样，“能够一睹一个女人的裙底——这么多世纪以来裙子都那么长，那么宽大——这如果不
211 是一种艺术的话，也一定是一种长期的男性化的关注……看到裸腿无疑会让人联想到上面不设防的裸体”。[6]

到了 20 世纪末，数码相机保存和传播裙底图像的能力加剧了这种违规行为。被偷拍裙底照的受害者发现，现有的偷窥法或公共礼仪法往往不涵盖这项新技术，这引发了一系列新的立法和规定，即禁止在健身房、更衣室和公共卫生间里使用手机。但女性几乎在任何地方都容易被拍到裙底照：人群中、公共交通工具上、餐馆里、学校里，尤其是在玻璃或其他材质的楼梯上。2012 年，苹果香港店被中国香港最大的政党列入黑名单，被其称为偷窥者的天堂。偷窥者会拿着苹果手机躲在玻璃楼梯下面。2017 年，苹果公司对其在第五大道 24 小时营业的

旗舰店进行了改造，玻璃楼梯被不锈钢楼梯取代。然而，在裙子比过去几十年都更受欢迎的时代，这一举动似乎只是朝着纠正一种潜在而持久的歧视形式迈出的一小步，这种歧视更可恶的是：它不一定旨在针对女性，而只是忽视了她们的存在。

回首往事，20 世纪 70~90 年代，女性长裤和长裤套装涌入工作场所和其他所有地方，人们可能会认为这只是昙花一现，或者是一次失败的尝试。更有可能的是，我们会把裤子的流行看作一个重要但短暂的过渡时代，它引领女性进入男性主导的工作场所和其他权力走廊。尽管有“裤装国”，但在 21 世纪初，出现了由杰出而有影响力的女性引领的服饰复兴，如 2011 212
年成为剑桥公爵夫人的凯特 · 米德尔顿（Kate Middleton）、2009 年至 2017 年美国的第一夫人米歇尔 · 奥巴马，以及 2012 年成为雅虎首席执行官的谷歌前副总裁玛丽莎 · 梅耶尔（Marissa Mayer）。《纽约时报》时尚评论家凡妮莎 · 弗里德曼（Vanessa Friedman）称，这些女性“帮助人们认识到女性可以穿什么，因为她们开始在自己的权力地位上感到更自在”。[7] 对于希拉里和她那一代的许多女性而言，权力意味着穿裤子，无论是字面意义还是隐喻含义，都是将自己融入历史上男性化的空间和领域。这一目标实现后，女性开始追求另一种解放：想穿什么就穿什么。

离开白宫后，米歇尔 · 奥巴马曾拿她的丈夫开过一个著名的玩笑：“人们会给我穿的鞋子、手镯和项链拍照，却不会评论他八年来一直穿着的同一件燕尾服。”公众视野中的女性不能退回到无个性特征的西装革履的背后。作为第一夫人，米歇尔善于利用聚光灯下的瞬间，推广年轻的美国时尚人才，尤其是移民和有色人种设计师，比如吴季刚，他为她设计了两件在就职典礼上穿的礼服（见第 1 章）。她将高端、定向的单品与大众品牌混搭，偶尔也会把裙子换成牛仔裤、紧身裤，还有一次，她穿了一条有争议的短裤。但她留给后人的形象，即由艾米·谢拉德（Amy Sherald）创作的官方肖像，可能是米歇尔最有力的时尚宣言。她的米莉吊带礼服的长裙主导了整个构图，色彩斑斓的几何印花同时让人想起她丈夫的竞选标志，上
213 面有非写实的日出和琥珀色的谷物波浪纹；肖像上有亚拉巴马州 Gee's Bend 的黑人妇女创造的引人注目的现代主义被子 *，还有美国国旗上的星星和条纹，而米歇尔取代了贝琪·罗斯（Betsy Ross）。这种层叠裙还让人想起总统候选人杰西·杰克逊（Jesse Jackson）在 1984 年民主党全国代表大会上的演讲，他把美国比作被子："许多补丁、许多碎片、许多颜色、许多尺寸，都由同一根线编织在一起。"虽然一些批评人士认为这幅肖像不太像米歇尔，但它将传统与现代、爱国主义与进步主义巧妙而雅致地结合在一起，让人一眼就能认出来。

---

* Gee's Bend 是一个坐落在亚拉巴马州的小乡村社区，位于亚拉巴马河的一个大拐弯处，由于地理上与周围社区隔离，自内战结束以来，它在很大程度上已经被遗弃了一百多年。它的许多传统，包括绗缝，在 21 世纪几乎没有改变。这些由美丽拼贴组成的"Gee's Bend 棉被"是由当地的非洲裔妇女及其祖先手工缝制的，这一古老的手艺，至今依然有当地居民和艺术家在延续、传承。

如果说米歇尔的礼服展现了团结精神，那么著名的民主党国会女议员斯泰西·普拉斯基特（Stacey Plaskett）所穿的裙子则显示了党派的力量。2021 年，普拉斯基特机敏地发起了对唐纳德·特朗普的第二次弹劾，赢得了政治专家和时尚大师的赞誉，当时她穿着一件引人注目的蓝色*女迷笛裙，配以高跟鞋，这让她本已六英尺（约 1.83 米）高的身材更显高大（见彩插图 28）。社交媒体上的帖子将她比作捍卫美国民主的超级英雄。她的着装没有弱化她的激烈言辞，而是突出和强化了这一点。普拉斯基特证明了一个道理：你不需要穿长裤套装或“权力套装”来展示权力。这一信息尤其引起了年轻女性的共鸣，她们并不知道在某一时期穿裤子是一种被赢得的备受争议的权利。这条裙子不仅颜色大胆，而且合体。普拉斯基特告诉《她》（*ELLE*）杂志：“我是有意而为之的。”斗篷般的长袖也是故意开衩的，当普拉斯基特走动时，她的长袖仿佛被撕开，露出手臂。她解释道：“这是我对着装规范的一种巧妙的蔑视，因为女性一直被告知不能穿无袖服装。”在 2017 年之前，众议院禁止女性穿无袖连衣裙。当时，普拉斯基特“是那个房间里唯一的 214
黑人女性”，露出肌肤也是她承认这一事实的一种方式。[8]

时尚是唯一有资格捕捉和利用阶级、种族和性别之间交叉联系的。正如服装学院策展人安德鲁·博尔顿（Andrew Bolton）在 2021 年指出的那样：“没有任何一种艺术形式比

* 蓝色是美国民主党代表色。

时尚更能体现身份政治。”就在普拉斯基特勇敢地穿上蓝色迷笛裙几个月之后，美国历史上第一位印第安血统内阁部长、内政部长德布 · 哈兰（Deb Haaland）在宣誓就职时做了类似的举动，当时她穿着一条彩色的丝带长裙，这是一种普韦布洛（Pueblo）*的传统服装，充满了庆祝的象征意义。哈兰最终穿着她自己的土著服装登上了《型时代》（*InStyle*）杂志 2021 年 8 月号的封面，标题是“坏女人”（“Badass Women”）。这些具有分水岭意义的时刻表明：社会已经超越了女性必须穿得像男性才能与之竞争的观念；裤子是一种选择，但不是唯一的选择。

并且，这并不一定是最好的选择。多项研究表明，与保守派男性（无论是政客还是水管工）共事的女性，如果穿裙子或其他传统女性服装，更有可能赢得他们的尊重。约翰 · T. 莫洛伊在 2008 年版的《成功新女性着装》（*New Women's Dress for Success*）一书中写道：“蓝领男性对穿裤子的女性反应消极。”正如英国前首相玛格丽特 · 撒切尔（Margaret Thatcher）在 2000 年保守党大会上斥责一位新闻女秘书时说的那样：“亲爱的，永远不要穿裤装。它们削弱了女人的权威。”[9]

裤子也不再是男性的唯一选择。在时尚界，“双性同体”和
215 “中性”这样的术语在历史上被用于形容女性穿传统男性服装，

---

* 美洲的印第安部落。居住地位于今日美国西南部，主要是亚利桑那州和新墨西哥州的沙漠地区。与北美其他印第安人的历史相比，普韦布洛的文明发展程度最高，已有上千年的定居农耕史。

而很少被用于相反情况。然而近年来，随着社会、心理学和医学上性别观念的发展，这种情况发生了变化。在美国，性侵犯和性骚扰由来已久，并形成了对其容忍的一种根深蒂固的文化现象。2017 年在网上疯传的“我也是”（MeToo）运动引发了对文化上根深蒂固的对性侵犯和性骚扰容忍的强烈抵制，同时针对“有毒男子汉气概”的影响展开了对抗，这是一种对男性和女性都有害的刻板印象。艾略特 · 佩吉（Elliot Page）、比莉 · 艾利什（Billie Eilish）、凯特琳 · 詹纳（Caitlyn Jenner）和拉弗恩 · 考克斯（Laverne Cox）等备受瞩目的非二元性别（nonbinary）、流性人（genderfluid）* 和跨性别名人重新定义了红毯时尚，尽管跨性别权利和“厕所法”（bathroom laws）仍然是美国的政治热点。在时尚界，更加灵活和开放的术语“性别中立”（gender-neutrac）和“性别包容”（gender-inclusive）已经取代了单一的“中性”。这种语义上的转变不仅影响了品牌塑造和市场营销，还将影响扩大到了双性同体和跨性别的时装模特和时尚网红，如安德烈 · 皮吉斯（Andreja Pejić）、莱斯 · 阿什利（Laith Ashley）、艾瑞卡 · 林德（Erika Linder）、蕾娜 · 布鲁姆（Leyna Bloom）、哈莫尼 · 布彻（Harmony Boucher）。

---

* 主要指认为自己性别是流动的、随时间发生变化的人。性别并不是非男即女的二元结构，如同光谱中蓝色与红色之间并没有明确分界线，而是存在多种过渡而连续的颜色，男性到女性之间还有许多种并列独立的性别（性别光谱）。因此相较其他人，流性人的性别认同流动性更强，在性别光谱中涉及的范围也会更广。

在许多文化中，男人穿裙子由来已久，并一直延续至今，穿的裙子包括苏格兰短裙、多蒂腰布（Dhoti）*、纱笼、阿拉伯长袍（djellaba）和塔奥瓦拉（ta'ovala）**，即在 2016 年、2018 年和 2020 年奥运会上，汤加代表团的旗手比塔·陶法托富阿（Pita Taufatofua）所穿的裹裙，令人十分难忘（见彩插图 29）。[同样是在 2016 年，在迪士尼动画影片《海洋奇缘》（*Moana*）中，夏威夷半神毛伊（Maui）穿的是一条铁树叶裙（ti leaf skirt），为他配音的是萨摩亚裔演员道恩·约翰逊（Dwayne Johnson）。事实上，就像在许多非西方文化中，女性穿裤子的历史长达数个世纪而没有引起争议一样，男性穿裙子的历史也比他们穿裤子的历史长得多。裤子最初在亚洲被用
216 作马术服装，直到中世纪晚期才被欧洲广泛接受。牧师、法官和学者至今仍然穿着裙式长袍，这是曾经的日常男装的残留痕迹；它们在几个世纪后的继续使用说明了人们对这些职业的尊重。如今，男裙之所以更受关注和接受，部分是因为在全球化快速发展的背景下，人们对国家和民族的自豪感复苏，通过穿传统或地方服装来表达这种情感。

这些男裙不能与变装混淆，变装是一种性别认同的表现，几百年来一直以各种形式存在，但如今最为紧密地与纽约的舞厅场景联系在一起。这种浮夸的、注重时尚的同性恋亚文化

* 印度教男子穿的腰布。

** 汤加的传统服饰。

曾经是一种地下现象，后来在电影和电视节目中成为主流，比如《沙漠妖姬》（*The Adventures of Priscilla, Queen of the Desert*，1994）、《艳倒群雌！》（*To Wong Foo, Thanks for Everything! Julie Newmar*，1995）和《假凤虚凰》（*The Birdcage*，1996）等电影，以及《鲁保罗变装皇后秀》（*RuPaul's Drag Race*，2009）和《姿态》（*Pose*，2018）等电视节目。当以肯奇塔·沃斯特（Conchita Wurst）身份表演的变装艺术家托马斯·纽伊维尔特（Thomas Neuwirth）身着闪亮的礼服，蓄着浓密的胡须，赢得 2014 年欧洲歌唱大赛（Eurovision Song Contest）的冠军时，变装的优势就完全显现出来了（见彩插图 30）。尽管自 20 世纪 70 年代以来，胡子就一直是变装的一部分，但全球 1.95 亿观众看到的沃斯特的胡子触动了人们的神经。纽伊维尔特在接受路透社采访时表示，蓄胡子是“一种宣言，向人们表明无论你是谁，无论你长得如何，你都可以取得任何成就”。粉丝和支持者戴上假胡子向沃斯特致敬，但批评人士称这种胡子太夸张了。在俄罗斯，反同性恋者刮掉自己的胡子，作为社交媒体上抗议活动的一部分。爱尔兰播音员特里·沃根（Terry Wogan）因将沃斯特扮演胡须歌姬参加的比赛描述为“畸形秀”而受到抨击。

现在回过头看，沃斯特的胡子预示着人们对服装的需求
日益增长，这些服装既不是传统的男裙，也不是变装，而是女 217
性化的服装，穿这样的服装是一种时尚和自我表达的方式，而
不是模仿女性。和许多具有挑衅性的时尚潮流一样，这一潮流

可能起源于音乐界，是对传统摇滚乐大男子主义文化的一种反抗。20 世纪 70 年代，大卫 · 鲍伊（David Bowie）、马克 · 博兰（Marc Bolan）、伊基 · 波普（Iggy Pop）和埃尔顿 · 约翰（Elton John）等魅力摇滚歌手兴高采烈地尝试着双性同体的造型，包括化妆和穿裙装；20 世纪 80 年代，新浪漫主义紧随其后。但是，当库尔特 · 科本（Kurt Cobain）穿着一件碎花裙出现在 1993 年 9 月的英国杂志《面孔》（*The Face*）的封面上时，并没有做任何双性同体的造型——他和他的涅槃（Nirvana）乐队成员在舞台上和他们的视频中都穿着这种裙子（见彩插图 31）。很明显，这是一个穿着女人衣服的男人。他可能画了黑色眼线，但也留了山羊胡，穿着白色男士汗衫。正是他的男性和女性特征之间的鲜明对比而不是艺术性的模糊界限，使这张照片引人注目，备受争议。

1993 年 8 月，科本向《洛杉矶时报》解释说："穿裙子表明我可以像我想的那样有女人味。我是异性恋……有什么大惊小怪的。就算我是同性恋，又有何妨呢。"科本的性取向不是问题，众所周知，他当时娶了考特尼 · 洛芙（Courtney Love），经常借用她标志性的娃娃连衣裙。他偶尔也会戴上羽毛围巾、超大复古太阳镜（Jackie O），穿豹纹外套。1992 年 12 月，他对《旋律制造者》（*Melody Maker*）杂志说："我喜欢穿裙子，因为穿裙子很舒服。如果我说我们这样做是为了颠覆传统，那纯属胡说八道，因为男人穿裙子参加乐队已经不再有争议了。"

事实上，许多男性垃圾摇滚艺术家——包括柠檬头乐队
（Lemonheads）[*]和碎南瓜乐队（Smashing Pumpkins）[**]——
都把裙子和明显的男性化服装元素搭配在一起，比如文身、法 218
兰绒“伐木工”衬衫、保暖内衣和工作靴。这种风格只是在
某种意义上是中性的，即在垃圾摇滚亚文化中女性也穿类似
的碎花连衣裙、法兰绒衬衫和厚重靴子。这种打破传统的
思想部分源于自己动手（DIY）反资本主义的垃圾思潮——
从旧货店、跳蚤市场和军事剩余品商店收集复古和二手衣
服——以及太平洋西北地区潮湿的户外环境，“西雅图之声”
（Seattle Sound）[***]就是在那里诞生的。[20 世纪 90 年代末，
西雅图的建筑工人史蒂文·“克拉什”·维勒加斯（Steven
“Krash” Villegas）裁剪了一条多余的军裤，给自己做了一条
带口袋的可洗裙子，这样便于他骑摩托车工作时穿着；他开始
在派克街市场（Pike Place Market）[****]销售，并于2000年创
立了 Utilikilts 品牌。] 但时尚记者约书亚·西姆斯（Joshua
Sims）发现了一个更突出的社会现象：科本和许多与他同时
代的“X 世代”一样，都是在一个母亲去工作、没有父亲的

---

* 组建于 1984 年，后朋克摇滚向青少年歌曲的演变是另类乐坛最为奇特的音乐历程。

** 组建于 1988 年，是一支美国另类摇滚乐队。

*** 垃圾乐，20 世纪 90 年代初兴起于美国的西雅图，也称 Grunge，译作“格伦吉”。

**** 全美历史最悠久的市场，是当地一个传统的公开市场，已有上百年的历史，其中的鱼市场最为著名。该市场规划完善、商品齐全，并形成自己独特的销售方式，现已成为著名的旅游景点，每年有近九百万的游客到此观光。

环境下长大的。[10] 他的着装质疑传统男性气质的作用和价值，在性别困惑和性别自信之间取得平衡。正如伊基·波普所言："我并不以穿得'像个女人'为耻，因为我不认为做女人是可耻的。"

时装设计师们长期以来一直在自己的衣柜中进行性别试验。想想香奈儿的"海滩睡衣"和马蹄裤，或者让－保罗·高缇耶和亚历山大·麦昆的苏格兰方格呢短裙。马克·雅各布斯（Marc Jacobs）为佩里·埃利斯（Perry Ellis）设计的 1993 春季系列的灵感来自垃圾摇滚，他设计了融合其个人风格的苏格兰方格呢短裙，之后开始涉足传统女性风格和面料的裙子设计领域。2012 年，他在纽约大都会艺术博物馆慈善舞会上穿了一件黑色蕾丝"俏皮男孩"（Comme des Garçons Homme
219 Plus）衬衫裙，搭配白色平角短裤，作为他所谓的"无聊"燕尾服的替代品（也可能是为了向他的朋友凯特·莫斯标志性的裸裙致敬，见第 7 章）。正如这位设计师告诉《纽约》杂志的那样："我买了一件……我发现穿着它的感觉很好，很舒服，穿上它让我很开心，所以我又买了几件。现在，我已经欲罢不能了。"

从昙花一现的《星际迷航》中的"裤裙"，到偶尔出现在男装秀的 T 台上的裙装（目的是要成为时装周的头条，而不是零售销售），男裙在时尚和流行文化中占据的地位越来越突出。演员杰瑞德·莱托（Jared Leto）和奥斯卡·伊萨克（Oscar Isaac）都曾穿着男裙走过红毯。演员兼音乐人贾登·史密斯（Jaden Smith）穿了一条路易威登（Louis Vuitton）的裙子参加 LV2016 春夏女装广告活动。《纽约时报》时尚评论家凡妮莎 · 弗里德曼表示："他不是一个要变性的男人……或者一个穿的衣服看起来男女都能穿的男人。他是一个穿着明显女性服装的男人。虽然他穿起来不像女孩，但实际看起来很不错。" 2018 年，《粉雄救兵》（*Queer Eye*）的非二元性别演员乔纳森 · 范 · 内斯（Jonathan Van Ness）开始在节目和宣传活动中穿着连衣裙，搭配高跟鞋、手包，留着他惯常的长发和大胡子；他甚至在创意艺术艾美奖（Creative Arts Emmys）的红毯上穿着梅森 · 马吉拉（Maison Margiela）的裸裙（见第 7 章）。虽然苏格兰方格呢短裙继续被人们所接受——通常采用黑色皮革和迷彩等非传统的、超级男性化的材料——但它们越来越多地与更女性化的男裙共享零售和红毯空间。

2019 年 2 月 15 日，在纽约为期一周的秋季男装秀结束后，《型男》（*GQ*）* 网站自信地预测："2019 年是男人开始穿裙子的一年。" 几天后，《姿态》的演员比利 · 波特（Billy Porter）证明了其预言是正确的，他穿着克里斯蒂安 · 西里亚
诺（Christian Siriano）为他设计的套装出现在奥斯卡颁奖典 220
礼上：一件黑色天鹅绒燕尾服外套和白色衬衫，搭配一件无肩带的黑色天鹅绒礼服（见彩插图 32）。他解释说："我是一个积

---

* GQ（Gentlemen's Quarterly 的缩写）代表一些很会穿着、很讲究、很有品位的男性。该词源于一本著名的杂志——*GQ*。这是一本很有名的关于男性穿着打扮的杂志，由美国康泰纳仕出版，到现在为止依旧畅销。

极分子。我知道，奥斯卡颁奖典礼上的那件燕尾服会引发一场关于性别意味着什么、我们在生活中给每个人设置了什么规则的讨论。我们已经克服了女人穿裤子的问题。女人穿裤子是有力量的。男人穿裙子是令人作呕的。我们不再这样做了。我不会这么做的。”[11] 虽然波特之前在红毯上穿过离谱的服装（包括裙子），但他的男女混合服装搭配巨大的环形裙摆是一种大胆的时尚宣言，以期在娱乐界最大的活动上吸引眼球。不过，经典的造型也是对时尚和好莱坞历史的致敬。

2020 年 12 月，歌手兼演员哈里·斯泰尔斯（Harry Styles）穿着古驰的黑色燕尾服外套和灰色蕾丝刺绣晚礼服登上了《时尚》杂志封面。外套来自男装系列，晚礼服来自女装系列，不过,《时尚》杂志只是简单地把两者都称为“古驰”。这意味着不再有男装或女装之分，只有时尚。这张封面在全球新冠疫情大流行期间发布，引发了社交媒体上关于男子气概含义的辩论，令人奇怪的是，这张封面还激起了保守派评论员的愤怒。斯泰尔斯长期热衷于追求性别颠倒的时尚——珍珠领和彼得潘领、薄雪纺、淡色波点、羽毛披肩、毛皮大衣——但在封面图片中几乎看不到礼服的荷叶边长裙摆。乍看，并不能立刻看出他穿了裙子，他不像《面孔》封面上的科本那么明显。
221 但与《面孔》不同的是,《时尚》是一本女性时尚杂志，斯泰尔斯是第一个独自一人登上其封面的男性。内页照片也在社交媒体上广泛流传，在照片中他穿了长款礼服，苏格兰方格呢短裙，带衬裙的粉色薄纱裙子和外搭阔腿裤。他展示的一些服装是为

2020 年 12 月的《时尚》杂志封面，照片中歌手兼演员哈里 · 斯泰尔斯穿着古驰的黑色燕尾服外套和灰色蕾丝刺绣晚礼服。

男性设计的，属于传统男装的范围，比如“俏皮男孩”苏格兰方格呢短裙；另一些则是女性服装，被一个长头发、娃娃脸的年轻男子挪用了。

2021 年，说唱歌手利尔 · 纳斯 · X（Lil Nas X）在《周六夜现场》上表演时不小心撕裂了裤子，两天后，他穿着裙子登上了《今夜秀》（*The Tonight Show*）。他穿的带有红色格子图案和箱形褶皱的裙子与苏格兰方格呢短裙有几分相似，但与传统的苏格兰方格呢短裙不同的是，它长及膝盖之下，也没有在一侧缠绕和固定。这显然不是一件男性化的苏格兰方格呢短裙，而是《型男》所称的“男装裙”，搭配着象牙色的运动夹克、裸露的胸部和黑色战斗靴。利尔 · 纳斯 · X 自己称它为裙子，他在网上发布预先录制的采访照片后在推特上写道：“不要再问我为什么穿裙子了。我再也不会相信裤子了！”他的“邋遢休闲”风格服装来自维吉尔 · 阿布洛为路易威登设计的男装系列，《型男》称：“这是裙子或连衣裙正在演变成美国男装标准服饰的最新迹象。”[12]

无论是在时尚层面还是在性别表达层面，这种将男性化和女性化的服装、配饰及化妆品创造性地、个性化地融合的做法究竟是一种昙花一现的时尚还是一种新的“标准”，现在对此断言还为时过早。然而，只要裙子仍然被视为专属于“女性”的服装，男人穿裙子就会一直令人瞠目。从这个意义上说，目
222 前对男人穿裙子的争议类似于之前对女人穿裤子的争议，可能只是暂时的。女性从未停止过穿裙子，而男性也可能会继续穿

裤子，即使其穿裙子成为常态。但这是一个被打破的屏障——一个再也不会被关上的潘多拉魔盒。若要问裙子的未来？或许，它专属于男性。

223

参考文献

Abramsky, Sasha. *Little Wonder: The Fabulous Story of Lottie Dod, the World's First Female Sports Superstar.* New York: Akashic Books, 2020.

Alsop, Susan Mary. *To Marietta from Paris, 1945–1960.* New York: Doubleday, 1975.

Anderson, Ann. *High School Prom: Marketing, Morals and the American Teen.* Jefferson, NC: McFarland & Co., 2012.

Antonelli, Paola, et al. *Items: Is Fashion Modern?* New York: The Museum of Modern Art, 2017.

Baker, Carroll. *Baby Doll: An Autobiography.* New York: Arbor House, 1983.

Ballard, Bettina. *In My Fashion.* London: V&A Publishing, 2017.

Barber, Elizabeth Wayland. *Women's Work: The First 20,000 Years; Women, Cloth, and Society in Early Times.* New York: W. W. Norton, 1994.

Bass-Krueger, Maude, and Sophie Kurkdjian, eds. *French Fashion, Women, and the First World War.* New York: Bard Graduate Center, 2019.

Benbow-Pfalzgraf, Taryn, and Richard Martin, eds. *Contemporary Fashion.* New York: St. James Press, 2002.

Bender, Marylin. *The Beautiful People.* New York: Coward-McCann, 1967.

Best, Amy L. *Prom Night: Youth, Schools and Popular Culture.* New York: Routledge, 2000.

Birnbach, Lisa, et al. *The Official Preppy Handbook.* New York: Workman Publishing, 1980.

Black, Prudence, and Stephen Muecke. "The Power of a Dress: the Rhetoric of a Moment in Fashion." In *Rebirth of Rhetoric: Essays in Language, Culture and Education,* edited by Richard Andrews, 212–27. London: Routledge, 1992.

Blakesley, Katie Clark. "'A Style of Our Own': Modesty and Mormon Women, 1951–2008." *Dialogue: A Journal of Mormon Thought* 42, no. 2 (Summer 2009): 20–53. 224

Blume, Mary. *The Master of Us All: Balenciaga, His Workrooms, His World*. New York: Farrar, Straus and Giroux, 2014.

Bolton, Andrew. *Bravehearts: Men in Skirts*. London: Victoria & Albert Museum, 2003.

Bradley, Barry W. *Galanos*. Cleveland: Western Reserve Historical Society, 1996.

Brownie, Barbara. *Spacewear: Weightlessness and the Final Frontier of Fashion*. London: Bloomsbury Visual Arts, 2019.

Carter, Ernestine. *With Tongue in Chic*. London: V&A Publishing, 2020.

Chamberlain, Lindy. *Through My Eyes: An Autobiography*. Melbourne: William Heinemann Australia, 1990.

Chrisman-Campbell, Kimberly. "*Cinderella:* The Ultimate (Postwar) Makeover Story." *The Atlantic,* March 2015. https://www.theatlantic.com/entertainment/archive/2015/03/cinderella-the-ultimate-postwar-makeover-story/387229/.

Chrisman-Campbell, Kimberly. "The Midi Skirt, Divider of Nations." *The Atlantic,* September 2014. https://www.theatlantic.com/entertainment/archive/2014/09/the-return-of-the-midi-skirt/379543/.

Chrisman-Campbell, Kimberly. "When American Suffragists Tried to 'Wear the Pants.'" *The Atlantic,* June 2019. https://www.theatlantic.com/entertainment/archive/2019/06/merican-suffragists-bloomers-pants-history/591484/#:~:text=Women%20demanded%20physical%20freedom%20along,%2C%20in%20other%20words%2C%20pants.

Chrisman-Campbell, Kimberly. "Wimbledon's First Fashion Scandal." *The Atlantic,* July 2019. https://www.theatlantic.com/entertainment/archive/2019/07/suzanne-leglen-wimbledon-fashion-scandal-tennis/593443/.

Coleman, Elizabeth Ann. *The Genius of Charles James*. New York: Henry Holt & Co., 1984.

Cooper, Lady Diana. *The Rainbow Comes and Goes*. New York: Vintage Digital, 2018.

Cosgrave, Bronwyn. *Made for Each Other: Fashion and the Academy Awards*. London: Bloomsbury, 2007.

225 Cullen, Oriole, and Sonnet Stanfill. *Ballgowns: British Glamour Since 1950*. London: Victoria & Albert Museum, 2013.

Danzig, Allison, and Peter Schwed, eds. *The Fireside Book of Tennis*. New York: Simon & Schuster, 1972.

Deihl, Nancy, ed. *The Hidden History of American Fashion: Rediscovering 20th-Century Women Designers*. New York: Bloomsbury Academic, 2018.

Diliberto, Gioia. *Diane von Furstenberg: A Life Unwrapped*. New York: HarperCollins, 2015.

Dior, Christian. *Christian Dior and I*. New York: Dutton, 1957.

Dior, Christian. *Dior by Dior: The Autobiography of Christian Dior*. London: V&A Publishing, 2018.

Farrell-Beck, Jane, and Colleen Gau. *Uplift: The Bra in America*. Philadelphia: University of Pennsylvania Press, 2002.

Ford, Henry, with Samuel Crowther. *My Life and Work*. Garden City, NY: Doubleday, Page & Co., 1922.

Ford, Richard Thompson. *Dress Codes: How the Laws of Fashion Made History*. New York: Simon & Schuster, 2021.

Francke, Linda Bird. "Princess of Fashion." *Newsweek*, March 22, 1976, 52–58.

Fraser, Kennedy. *The Fashionable Mind*. Boston, MA: Nonpareil Books, 1985.

Harvey, John. *The Story of Black*. London: Reaktion Books, 2015.

Head, Edith, and Paddy Calistro McAuley. *Edith Head's Hollywood*. New York: Dutton, 1983.

Head, Edith. *The Dress Doctor: Prescriptions for Style, from A to Z*. New York: Harper Design, 2011.

Hill, Colleen. *Reinvention and Restlessness: Fashion in the Nineties*. New York: Rizzoli Electa, 2021.

Hollander, Anne. *Seeing Through Clothes*. Berkeley: University of California Press, 1993.

Howell, Georgina. *Sultans of Style: Thirty Years of Fashion and Passion, 1960–1990*. London: Ebury Press, 1990.

Hulanicki, Barbara. *From A to Biba: The Autobiography of Barbara Hulanicki*. London: V&A Publishing, 2018.

Ironside, Janey. *Janey: An Autobiography*. London: V&A Publishing, 1990.

Jones, Kevin, and Christina Johnson. *Sporting Fashion: Outdoor Girls 1800 to 1960*. New York: Prestel and American Federation of Arts, 2021.

Jorgensen, Jay. *Edith Head: The Fifty-Year Career of Hollywood's Greatest Costume Designer*. Philadelphia, PA: Running Press, 2010. 226

Koda, Harold, and Andrew Bolton. *Schiaparelli & Prada: Impossible Conversations*. New York: Metropolitan Museum of Art, 2012.

Koda, Harold, Jan Glier Reeder, et al. *Charles James: Beyond Fashion*. New York: Metropolitan Museum of Art, 2014.

Koda, Harold. *Goddess: The Classical Mode*. New York: Metropolitan Museum of Art, 2003.

Lethbridge, Lucy. *Servants: A Downstairs History of Britain from the Nineteenth Century to Modern Times*. New York: W. W. Norton, 2013.

Levin, Diane E., and Jean Kilbourne. *So Sexy So Soon: The New Sexualized Childhood, and What Parents Can Do to Protect Their Kids*. New York: Ballantine Books, 2008.

Lichtman, Sarah. "'Teenagers Have Taken over the House': Print Marketing, Teenage Girls, and the Representation, Decoration, and Design of the Postwar Home, c. 1945–1965." PhD diss., Bard Graduate Center for Studies in the Decorative Arts, Design, and Culture, 2013.

Loriot, Thierry-Maxime, ed. *The Fashion World of Jean Paul Gaultier: From the Sidewalk to the Catwalk*. Montreal: Montreal Museum of Fine Arts and Abrams Books, 2011.

Lynam, Ruth, ed. *Couture: An Illustrated History of the Great Paris Designers and Their Creations*. Garden City, NY: Doubleday, 1972.

Martin, Mary. *My Heart Belongs*. New York: William Morrow, 1976.

Martin, Richard. *American Ingenuity: Sportswear, 1930s–1970s*. New York: Metropolitan Museum of Art, 1998.

Miller, Daniel, and Sophie Woodward. *Blue Jeans: The Art of the Ordinary*. Berkeley: University of California Press, 2012.

Mirabella, Grace, with Judith Warner. *In and Out of Vogue: A Memoir*. New York: Doubleday, 1995.

Mitford, Nancy, and Charlotte Mosley, ed. *Love from Nancy: The Letters of Nancy Mitford*. New York: Houghton Mifflin Harcourt, 1993.

Molloy, John T. *New Women's Dress for Success*. New York: Grand Central Publishing, 2008.

Molloy, John T. *The Woman's Dress for Success Book*. New York: Follett Publishing, 1977.

Mower, Sarah, and Anna Wintour. *Oscar: The Style, Inspiration and Life of Oscar de la Renta*. New York: Assouline, 2002.

227 Mulvagh, Jane. *Vogue History of 20th Century Fashion*. New York: Viking, 1989.

Nichols, Nichelle. *Beyond Uhura: Star Trek and Other Memories*. New York: G. P. Putnam's, 1994.

Paulicelli, Eugenia. *Italian Style: Fashion & Film from Early Cinema to the Digital Age*. London: Bloomsbury Academic, 2016.

Perkins, Jeanne. "Dior," *LIFE*, March 1, 1948.

Picardie, Justine. *Miss Dior*. New York: Farrar, Straus and Giroux, 2021.

Poiret, Paul. *King of Fashion: The Autobiography of Paul Poiret*. London: V&A Publishing, 2019.

Quant, Mary. *Mary Quant: Autobiography*. London: Headline Publishing Group, 2012.

Quant, Mary. *Quant by Quant: The Autobiography of Mary Quant*. London: V&A Publishing, 2018.

Ribeiro, Aileen. *Dress and Morality*. London: Batsford, 1986.

Richardson, Kristen. *The Season: A Social History of the Debutante*. New York: W. W. Norton, 2020.

Schiaparelli, Elsa. *Shocking Life*. New York: Dutton, 1954.

Snow, Carmel, with Mary Louise Aswell. *The World of Carmel Snow*. London: V&A Publishing, 2017.

Steele, Valerie. *Women of Fashion: Twentieth Century Designers*. New York: Rizzoli, 1991.

Streisand, Barbra. *My Passion for Design*. New York: Viking, 2010.

Stuart, Amanda Mackenzie. *Empress of Fashion: A Life of Diana Vreeland*. New York: Harper, 2012.

Sutherland, Christine. *Marie Walewska: Napoleon's Great Love*. New York: Robin Clark, 1986.

Syme, Rachel. "The Allure of the Nap Dress, the Look of Gussied-Up Oblivion." *The New Yorker*, July 21, 2020. https://www.newyorker.com/culture/on-and-off-the-avenue/the-allure-of-the-nap-dress-the-look-of-gussied-up-oblivion.

Von Furstenberg, Diane, with Linda Bird Francke. *Diane: A Signature Life*. New York: Simon & Schuster, 1998.

Von Furstenberg, Diane. *The Woman I Wanted to Be*. New York: Simon & Schuster, 2014.

Webb, Iain R. *Foale and Tuffin: The Sixties; A Decade in Fashion*. London: ACC Publishing Group, 2009.

White, Palmer. *Poiret*. New York: Clarkson N. Potter, 1973. 228
Whitmore, Lucie. "'A Matter of Individual Opinion and Feeling': The Changing Culture of Mourning Dress in the First World War." *Women's History Review* 27, no. 4 (2018): 579–94.
Wilson, Elizabeth. *Love Game: A History of Tennis, from Victorian Pastime to Global Phenomenon*. Chicago: University of Chicago Press, 2016.
Yoxall, H. W. *A Fashion of Life*. London: William Heinemann, 1966.

229

注　释

序　章

1. Elizabeth Wayland Barber, *Women's Work: The First 20,000 Years; Women, Cloth, and Society in Early Times* (New York: W. W. Norton, 1995), 59.
2. Harold Koda and Andrew Bolton, *Schiaparelli & Prada: Impossible Conversations* (New York: Metropolitan Museum of Art, 2012), 174.
3. Valerie Steele, interviewed in Thierry-Maxime Loriot, ed., *The Fashion World of Jean Paul Gaultier: From the Sidewalk to the Catwalk* (Montreal: Montreal Museum of Fine Arts and Abrams Books, 2011), 152.
4. "Girl in Pants Goes to Court," *The Journal Times,* January 9, 1943.
5. Yanan Wang, "Pennsylvania Girl Says She Was Thrown out of Her Prom for Wearing a Suit," *The Washington Post,* May 9, 2016.

第一章　德尔斐长裙：女神装扮

1. Palmer White, *Poiret* (New York: Clarkson N. Potter, 1973), 29.

2. Lady Diana Cooper, *The Rainbow Comes and Goes* (New York: Vintage Digital, 2018), 44.

3. Harold Koda, *Goddess: The Classical Mode* (New York: Metropolitan Museum of Art, 2003), 18.

4. Quoted in Christine Sutherland, *Marie Walewska: Napoleon's Great Love* (New York: Robin Clark, 1986), 111.

5. Cooper, *The Rainbow Comes and Goes,* 44.

6. "The Prophet of Simplicity," *Vogue,* November 1, 1913; "Poiret on the Philosophy of Dress," *Vogue,* October 15, 1913.

7. Cooper, *The Rainbow Comes and Goes,* 44. 230

8. H. W. Yoxall, *A Fashion of Life* (London: William Heinemann, 1966), 102, 49.

9. Madeleine Ginsburg, "The Thirties: Artistry and Fantasy," in Couture: An Illustrated History of the Great Paris Designers and Their Creations, ed. Ruth Lynam (Garden City, NY: Doubleday, 1972), 105, 91–112.

10. Penelope Portrait, "A Paris Model: The World of Mannequins," in Lynam, *Couture,* 186, 178–191.

11. Bettina Ballard, *In My Fashion* (London: V&A Publishing, 2017), 19.

12. 马丁的一件戏服，一件镶着珠子的桃红色乔其纱“希腊”礼服和配套的披肩，保存在纽约市博物馆（编号 68.128.13A-C）。"Mainbocher Honored at N.Y. Benefit," *The Globe and Mail,* January 24, 1984.

13. FIDM Museum and Galleries, acc. no. 77.1948.008.16.

14. Megan Mellbye, *Galanos on Galanos* (Princeton, NJ: Films for the Humanities & Sciences, 2003). 藏品中的一些样本保存在纽约时装技术学院博物馆（编号 86.80.1）和大都会艺术博物馆（编号 1970.279.10 和 2009.300.7966a–d）.

第二章　网球裙：改变游戏规则

1. Elizabeth Wilson, *Love Game: A History of Tennis, from Victorian Pastime to Global Phenomenon* (Chicago: University of Chicago Press, 2016), 33.
2. Letter to Arnold Herschell, quoted in Sasha Abramsky, *Little Wonder: The Fabulous Story of Lottie Dod, the World's First Female Sports Superstar* (New York: Akashic Books, 2020), 187.
3. Jeane Hoffman, "The Sutton Sisters," in Allison Danzig and Peter Schwed, eds., *The Fireside Book of Tennis* (New York: Simon & Schuster, 1972), 74.
4. Ted Tinling, "Fashion's Serve: Dressed to Win," The New York Times, June 19, 1977.

第三章　小黑裙：穿制服的女人

1. John Harvey, *The Story of Black* (London: Reaktion Books, 2015), 264.

231 2. "Introducing the Most Chic Woman in the World," *Vogue*, January 1, 1926.

3. Lucy Lethbridge, *Servants: A Downstairs History of Britain from the Nineteenth Century to Modern Times* (New York: W. W. Norton, 2013), 44.
4. Maude Bass-Krueger, "Mourning," in *French Fashion, Women, and the First World War*, eds. Maude Bass-Kreuger and Sophie Kurkdjian (New York: Bard Graduate Center, 2019), 203.
5. Lucie Whitmore, "'A Matter of Individual Opinion and Feeling' : The

Changing Culture of Mourning Dress in the First World War," *Women's History Review* 27, no. 4 (2018): 585–86.

6. "Woman's Place Is in a Uniform," Vogue, July 1, 1918, 35; A.S., "Paris Lifts Ever so Little the Ban on Gaiety," *Vogue*, November 15, 1916, 43.
7. Quoted in Jane Mulvagh, *Vogue History of 20th Century Fashion* (New York: Viking, 1989), 49.
8. "Substitutes for the Strict Tailleur," *Vogue*, March 15, 1924, 58.
9. Carmel Snow with Mary Louise Aswell, *The World of Carmel Snow* (London: V&A Publishing, 2017), 29.
10. Ballard, *In My Fashion*, 55.
11. Yoxall, *A Fashion of Life*, 60.
12. Mary Quant, *Mary Quant: Autobiography* (London: Headline Publishing Group, 2012), 162.
13. Daniel Miller and Sophie Woodward, *Blue Jeans: The Art of the Ordinary* (Berkeley: University of California Press, 2012), 78–83.
14. Quoted in Marie-Andrée Jouve and Jacqueline Demornex, *Balenciaga* (London: Thames & Hudson, 1989), 96.
15. Hal Rubenstein, *100 Unforgettable Dresses* (New York: HarperDesign, 2011), 17.
16. Ernestine Carter, *With Tongue in Chic* (London: V&A Publishing, 2020)

第四章　裹身连衣裙：穿起来

1. 见 Eleanor Page, "Charles James' Initial Designs Led to Scandal," *Chicago Tribune*, November 12, 1974。

2. Elizabeth Ann Coleman, *The Genius of Charles James* (New York: Henry Holt & Co., 1984), 111.

3. Coleman, *The Genius of Charles James*, 86, n. 30.

232 4. Coleman, *The Genius of Charles James*, 109.

5. John Duka, "The Ghost of Seventh Avenue," *New York*, October 16, 1978, 91.

6. Blanche Grace Davis, "Youthful Designer McCardell Creates for Very Young," *Knoxville News-Sentinel*, August 1, 1944.

7. Diane von Furstenberg with Linda Bird Francke, Diane: *A Signature Life* (New York: Simon & Schuster, 1998), 80–81, 74.

8. Margaria Fichtner, "The Designer Who Put Dresses Back on Women," Miami Herald, October 19, 1976.

9. Gioia Diliberto, Diane von Furstenberg: A Life Unwrapped (New York: HarperCollins, 2015), 111.

10. Linda Bird Francke, "Princess of Fashion," Newsweek, March 22, 1976, 58, 55.

11. Gioia Diliberto, Diane von Furstenberg: *A Life Unwrapped* (New York: HarperCollins, 2015), 147.

12. Jerry Bowles, "Diane Von Furstenberg—at the Top," *Vogue*, July 1, 1976, 141.

13. Diliberto, Diane von Furstenberg, 109.

14. Carola Long, "Wrap Superstar," *The Independent EXTRA*, March 27, 2008, 4.

15. Diliberto, Diane von Furstenberg, 109.

16. Diliberto, Diane von Furstenberg, 109, 146–47.

17. "Is Fashion Working for Women? A Vogue Symposium," *Vogue*, January 1985, 204–8, 274–75.

第五章　无肩带连衣裙：临渊的女人

1. Quoted in Aileen Ribeiro, *Dress and Morality* (London: Batsford, 1986), 159.

2. Alicia Hart, "Shoulders Must Have Beauty in Strapless Gown," *Spokane Chronicle*, September 8, 1938.

3. "Consider the Basis of Your Spring Suit," *The Montclair Times*, March 27, 1936.

4. Helen Fraser, "'Whoops, My Dear' —Watch Your Wide Crinoline Skirts," The Province, November 12, 1938.

5. Brenda Frazier, "My Debut—A Horror," *LIFE*, December 6, 1963, 141. 053-104315_ch01_7P.indd 232 25/06/.

6. Monique, "Latest from Paris," *Daily News*, May 31, 1952. 233

7. "Princess Margaret Selects Strapless Dancing Frock," *The Calgary Herald*, November 18, 1949.

8. Harold Koda, Jan Glier Reeder, et al. *Charles James: Beyond Fashion* (New York: Metropolitan Museum of Art, 2014), 30.

9. Coleman, *The Genius of Charles James*, 107.

10. Edith Head, *Edith Head's Hollywood* (New York: Dutton, 1983), 96.

11. "Chicago Debutante Cotillion," Vogue, December 1, 1949, 93; Eleanor Page, "Gown to Be Reward for Debutante," *Chicago Tribune*, August 17, 1949.

12. Kristen Richardson, *The Season: A Social History of the Debutante* (New York: W. W. Norton, 2020), 168.

13. Janey Ironside, *Janey: An Autobiography* (London: V&A Publishing, 1990), 82.

14. Richard Gehman, "The Nine Billion Dollars in Hot Little Hands," *Cosmopolitan*, November 1957, 72–79.

15. Ann Anderson, *High School Prom: Marketing, Morals and the American Teen* (Jefferson, NC: McFarland & Co., 2012), 7.

16. "Teen-agers to Get Chic New Fashions," *The New York Times*, August 27, 1946.

17. Katie Clark Blakesley, "'A Style of Our Own' : Modesty and Mormon Women, 1951–2008," *Dialogue: A Journal of Mormon Thought* 42, no. 2 (Summer 2009): 22.

18. Sarah Lichtman, "'Teenagers Have Taken over the House' : Print Marketing, Teenage Girls, and the Representation, Decoration, and Design of the Postwar Home, c. 1945–1965" (Ph D diss., Bard Graduate Center for Studies in the Decorative Arts, Design, and Culture, 2013), 263.

19. "Two Good Reasons," *The Cincinnati Enquirer*, December 4, 1953.

20. Marylin Bender, "Strapless Dress of the 40's Takes On New Airs for '65," *The New York Times*, August 11, 1965.

21. Sergio Bichao, "Readington Board Revises Strapless-dress Ban," *The Central New Jersey Home News*, May 3, 2013.

22. Richard Thompson Ford, *Dress Codes: How the Laws of Fashion Made History* (New York: Simon & Schuster, 2021), 239, 242, 245, 246.

234 第六章　酒吧套装：重塑战后女性

1. Christian Dior, *Dior by Dior: The Autobiography of Christian Dior* (London: V&A Publishing, 2018), 25–26.

2. Ballard, *In My Fashion*, 244.

3. Ernestine Carter, *With Tongue in Chic* (London: V&A Publishing, 2020), 72.
4. Dior, *Dior by Dior*, 20.
5. Carter, *With Tongue in Chic*, 72.
6. Ballard, *In My Fashion*, 245.
7. Susan Mary Alsop, *To Marietta from Paris*, 1945–1960 (New York: Doubleday, 1975), 93.
8. Carter, *With Tongue in Chic*, 72.
9. Dior, *Dior by Dior*, 27.
10. Carter, *With Tongue in Chic*, 73.
11. Ballard, *In My Fashion*, 245.
12. Carter, *With Tongue in Chic*, 73.
13. Dior, *Dior by Dior*, 29, 24.
14. Christian Dior, *Christian Dior and I* (New York: Dutton, 1957), 40.
15. Dior, *Dior by Dior*, 138.
16. Jeanne Perkins, "Dior," *LIFE*, March 1, 1948, 90.
17. Justine Picardie, *Miss Dior* (New York: Farrar, Straus and Giroux, 2021), 324.
18. Dior, *Dior by Dior*, 170.

第七章　裸裙：敢于裸露

1. Herb Stein, "Best of Hollywood," *The Philadelphia Inquirer*, February 4, 1958.
2. Bronwyn Cosgrave, *Made for Each Other: Fashion and the Academy Awards* (London: Bloomsbury, 2007).

3. "Fashion Comes from What the Young Wear," *The Baltimore Sun*, February 2, 1969.
4. Colleen Hill, *Reinvention and Restlessness: Fashion in the Nineties* (New York: Rizzoli Electa, 2021), 20.

235 5. Eric Schmidt, "The Tinkerer's Apprentice," *Project Syndicate*, January 19, 2015, https://www.project-syndicate.org/onpoint/google-european-commission-and-disrupti- ve-technological-change-by-eric-schmidt-2015-01.

6. Robin Givhan, "Jennifer Lopez's Fashion Blunder at American Music Awards," *The Daily Beast*, November 21, 2011, https://www.thedailybeast.com/jennifer-lopezs-fashion-blunder-at-american -music-awards.

第八章　迷你裙：时尚界的终极先锋

1. Quant, *Mary Quant*, 275.
2. Iain R. Webb, *Foale and Tuffin: The Sixties; A Decade in Fashion* (London: ACC Publishing Group, 2009), 110.
3. Barbara Hulanicki, *From A to Biba: The Autobiography of Barbara Hulanicki* (London: V&A Publishing, 2018), 62, 58, 64.
4. Carter, *With Tongue in Chic*, 142.
5. "The Lord of the Space Ladies," *LIFE*, May 21, 1965, 47; Carter, With Tongue in Chic, 169.
6. Marylin Bender, *The Beautiful People* (New York: Coward McCann, 1967), 55.
7. Barbara Brownie, *Spacewear: Weightlessness and the Final Frontier of Fashion* (London: Bloomsbury Visual Arts, 2019), 11, 25.

8. Nichelle Nichols, *Beyond Uhura: Star Trek and Other Memories* (New York: G. P. Putnam's, 1994), 169.

9. 引 自 Ann Ryan and Serena Sinclair, "Space Age Fashion," in *Lynam, Couture*, 198, 192–222.

10. Carter, *With Tongue in Chic*, 162.

11. Mary Blume, *The Master of Us All: Balenciaga, His Workrooms, His World* (New York: Farrar, Straus and Giroux, 2014), 171.

12. Webb, *Foale and Tuffin*, 148.

13. Quoted in Mulvagh, *Vogue History of 20th Century Fashion*, 239.

14. Webb, *Foale and Tuffin*, 152.

15. Bender, *The Beautiful People*, 234.

16. Prudence Black and Stephen Muecke, "The Power of a Dress: The Rhetoric of a Moment in Fashion," in *Rebirth of Rhetoric: Essays in Language, Culture and Education*, ed. Richard Andrews (London: Routledge, 1992), 218.

17. "Knee Line," *The English Digest* 57 (1958): 48.

18. *Portrait*, "A Paris Model," 187.

第九章　迷笛裙：国界线 236

1. Marylin Bedner, "The Girls in Their Summer Dresses: Keeping the Miniskirt Alive," *The New York Times*, July 5, 1968.

2. Marylou Luther, "Is Europe Fashion Domination Ending?" *Los Angeles Times*, May 20, 1973; Kennedy Fraser, *The Fashionable Mind* (Boston, MA: Nonpareil Books, 1985), 3.

3. "The Midi's Compensations," *Time*, June 8, 1970, 50; "Hold That Mini Line!" *Time*, August 8, 1969, 60; Bernadine Morris, "Hemlines: A Matter

of Choice," *The New York Times*, July 3, 1984.

4. "Fashion Fascism: The Politics of Midi," *Rags*, October 1970.
5. "The Midi Muscles In," *LIFE*, August 21, 1970, 22–29.
6. Carrie Donovan, "Short-Circuiting the Short Skirt," *The New York Times*, April 25, 1982.
7. Sharon Barrett, "Shoppers Sharper; Fads Fade Faster," *Pittsburgh Post-Gazette*, April 2, 1983.
8. Quoted in Kristen Bateman, "Why Cottagecore and Prairie Dressing Are Fashion's Biggest Trends in 2020," *Teen Vogue*, May 8, 2020.

第十章　紧身连衣裙：身体的装饰品

1. Jay Jorgensen, Edith Head: The Fifty-Year Career of Hollywood's Greatest Costume Designer (Philadelphia, PA: Running Press, 2010), 42.
2. "Hobble Skirt Furnishes Newest Railroad Danger," *The Sun*, September 7, 1913.
3. "Plunging Neckline, Falsies Get Blame for Rise in Sex Crimes," *Brooklyn Eagle*, December 16, 1949.
4. Bernadine Morris, "Strapless 40's Return in Style to Suit the 70's," *The New York Times*, February 21, 1973.
5. Georgina Howell, *Sultans of Style: Thirty Years of Fashion and Passion, 1960–1990* (London: Ebury Press, 1990), 158.
6. Marylou Luther, "Design Maverick Azzedine Alaia Sculpts His One-of-a-KindNiche," *Los Angeles Times*, July 6, 1984.
7. Fraser, *Fashionable Mind*, 232–33.
8. Jill Gerston, "Caution: Curves Ahead," *Austin American Statesman*, August 13, 1986.

9. *Gerston*, "Caution: Curves Ahead."

10. Howell, *Sultans of Style*, 161–62. 237

11. Julie Hatfield, "Squabbling in Style," *The Boston Globe*, January 8, 1987.

12. Susie Rushton, "Close Encounters," *The Independent (London) Magazine*, June 30, 2007, 42.

13. Leah Melby Clinton, "The History of the Bandage Dress, From 1994 to Now," *Glamour*, September 23, 2015, https://www.glamour.com /story/history-herve-leger-bandage-dress.

14. Quoted in Amanda Mackenzie Stuart, *Empress of Fashion: A Life of Diana Vreeland* (New York: Harper, 2012), 250.

15. Alexandra Jacobs, "Smooth Moves: How Sara Blakely Rehabilitated the Girdle," *The New Yorker*, March 28, 2011.

16. Maureen Sajbel, "Tightly Wound: Herve Leger's Bandage-Wrap Dresses Appeal to Those Who Dare to Bare," *Los Angeles Times*, December 8, 1994.

结语：裙子的未来

1. James B. Stewart, "A Genius of the Storefront, Too," *The New York Times*, October 16, 2011.

2. Joanne McNeil, "The End of Sexism," *Mediaite*, September 25, 2010, https://www.mediaite.com/online/the-end-of-sexism/.

3. Andrew Sadauskas, "'What You Can't Measure You Can't Manage': Empathy the Key to More Diversity in Tech," *SmartCompany*, December 9, 2014, https://www.smartcompany.com.au/startupsmart/advice/leadership-advice/qwhat-you-cant-measure-you-cant-manageq-empathy-the-key-to-more-diversity-in-tech/.

4. Nichole Sullivan, "Sexist by Design?" *Stubbornella*, May 9, 2014, http://www.stubbornella.org/content/.

5. Carolina A. Miranda, "Wanted: Male Architect Willing to Navigate His Own Building in a Skirt," *Los Angeles Times*, July 15, 2018, https://www.latimes.com/ entertainment/arts/miranda/la-et-cam-male-design-in-architecture-20180714- story.html; "Women Warned About Glass Staircase at New Courthouse," *10tv*.com, June 11, 2001, https://www.10tv.com/article/news/women-warned-about-glass-staircase-new-courthouse/530-d9089684-3854-458f-b9a7-6379b8888bc4.

6. Anne Hollander, *Seeing Through Clothes* (Berkeley: University of California Press, 1993), 218.

238 7. Quoted in Ford, *Dress Codes*, 258.

8. "You Can Thank Stacey Plaskett' s College Friends For Her Viral Blue Impeachment Dress," *Elle*, March 17, 2021, https://www.elle.com / culture/career-politics/a35743131/stacey-plaskett-impeachment-trial -blue-dress/.

9. Amanda Platell, "How Margaret Thatcher Taught Me Powerful Women Never Wear Trousers," *Daily Mail Online*, November 4, 2015.

10. Andrew Bolton, *Bravehearts: Men in Skirts* (London: Victoria & Albert Museum, 2003), 138.

11. Billy Porter, Actors on Actors: Billy Porter and Rachel Brosnahan, *Variety Studio*, June 2019, https://variety.com/video/actors-on-actors -billy-porter-rachel-brosnahan-full-video/?jwsource=cl.

12. Rachel Tashjian, "Lil Nas X Joins the Great Menswear Skirt Movement," *GQ.com*, May 25, 2021, https://www.gq.com/story/lil-nas-x-plaid -skirt.

索 引* 239

A

* 索引中的页码为英文原作页码，即本书页边码，斜体页码表示图片页。

B

C

D

E

G

H

I

J

K

L

M

N

O

P

Q

R

S

U

V

W

Y

Z

图书在版编目(CIP)数据

裙子的宣言：重新定义二十世纪女性气质 / （美）金伯利·克里斯曼-坎贝尔（Kimberly Chrisman-Campbell）著；李景艳译. -- 北京：社会科学文献出版社, 2024.2

书名原文: Skirts: Fashioning Modern Femininity in the Twentieth Century

ISBN 978-7-5228-2724-7

Ⅰ. ①裙… Ⅱ. ①金… ②李… Ⅲ. ①裙子－历史－世界 Ⅳ. ①TS941.717-091

中国国家版本馆CIP数据核字（2023）第206647号

裙子的宣言：重新定义二十世纪女性气质

著 者 / [美] 金伯利·克里斯曼-坎贝尔（Kimberly Chrisman-Campbell）
译 者 / 李景艳

出 版 人 / 冀祥德
责任编辑 / 杨 轩
文稿编辑 / 邹丹妮
责任印制 / 王京美

出 版 / 社会科学文献出版社（010）59367069
地址：北京市北三环中路甲29号院华龙大厦 邮编：100029
网址：www.ssap.com.cn
发 行 / 社会科学文献出版社（010）59367028
印 装 / 三河市东方印刷有限公司

规 格 / 开 本：889mm×1194mm 1/32
印 张：11.25 插页印张：1 字 数：222千字
版 次 / 2024年2月第1版 2024年2月第1次印刷
书 号 / ISBN 978-7-5228-2724-7
著作权合同登记号 / 图字01-2023-2386号
定 价 / 89.00元

读者服务电话：4008918866